忍经·劝忍百箴

[元] 吴亮·著
[清] 宋宗元·著
赵卫华·编译

陕西新华出版 三秦出版社

图书在版编目（CIP）数据

忍经 /（元）吴亮著；赵卫华编译．劝忍百箴 /（清）宋宗元著；赵卫华编译．-- 2 版．-- 西安：三秦出版社，2008.4（2024.1 重印）

（国学百部经典）

ISBN 978-7-80628-152-9

Ⅰ．①忍… ②劝… Ⅱ．①吴… ②宋… ③赵… Ⅲ．①个人－道德修养－中国－古代②忍经－译文③劝忍百箴－译文 Ⅳ．① B825

中国版本图书馆 CIP 数据核字（2008）第 032697 号

书　　名	忍经・劝忍百箴
作　　者	［元］吴亮 著　［清］宋宗元 著　赵卫华 编译
责　　编	马静怡
封面设计	新华智品
出版发行	三秦出版社
社　　址	西安市雁塔区曲江新区登高路 1388 号
电　　话	（029）81205236
邮政编码	710061
印　　刷	北京一鑫印务有限责任公司
开　　本	680×1020　1/16
印　　张	9
字　　数	98 千字
版　　次	2008 年 4 月第 2 版
印　　次	2024 年 1 月第 2 次印刷
标准书号	ISBN 978-7-80628-152-9
定　　价	39.80 元
网　　址	http://www.sqcbs.cn

前　言

　　《忍经》是中国最系统的忍学教科书，是一部寓意深刻，劝诫世人去躁制怒、与人为善、得颐天年的劝世书。忍是大智大勇大福，忍是修身立命、成事生财的根本！

　　元成宗大德十年丙午（1306），杭州人吴亮汇集历代名人有关"忍"的言论和历史上隐忍谦让、忠厚宽恕的人物事例汇编而成《忍经》一书，共计156条。而四年后，元武宗至大三年庚戌（1310），一个名叫许名奎的人与吴亮不谋而合，著成了《劝忍百箴》四卷，共计100条，成为忍学集大成者。其内容包括忠孝仁义、喜怒好恶、名誉权势等多个方面。

　　本书将《忍经》与《劝忍百箴》二者合一，辑成一部展现古代圣贤处世哲学的智慧锦囊，帮助世人提升思想道德修养。小忍则有小成，大忍则有大成，不忍则一事无成，祸患无穷。一个"忍"字汇融了墨、儒、道、法的文韬武略，一个"忍"字成就了帝王将相的万古伟业！融合百家智慧，成就博大人生。本书将传统智慧加以客观分析，进行系统的梳理和总结，从各角度阐述了"忍"之术。

编　者

2008年8月

忍经・劝忍百箴

目　录

忍　经

圣人劝诫	/1	释盗遗布	/17
细过掩匿	/6	憨寒架桥	/17
醉饱之过　不过吐呕	/6	射牛无怪	/18
坯上取履	/7	代钱不言	/18
出胯下	/7	认猪不争	/19
尿寒灰	/8	鼓琴不问	/19
诬　金	/8	唯得忠恕	/20
诬　裤	/9	益见忠直	/20
羹污朝衣	/9	酒流满路	/21
认　马	/10	不形于言	/21
鸡肋不足以当尊拳	/10	未尝峻折	/22
唾面自干	/11	非毁反己	/22
五世同居	/11	辞和气平	/23
九世同居	/12	委曲弥缝	/23
置怨结欢	/12	诋短逊谢	/24
鞍坏不加罪	/13	直为受之	/24
万事之中　忍字为上	/13	服公有量	/25
盘碎　色不少吝	/14	宽大有量	/25
不忍按	/14	呵辱自隐	/26
逊以自免	/15	容物不校	/27
盛德所容	/15	德量过人	/27
含垢匿瑕	/16	众服公量	/28
未尝见喜怒	/16	还居不追直	/28
语侵不恨	/16	持烛燃髻	/29

物成毁有时数	/29	子孙数世同居	/41
骂如不闻	/30	原得金带	/42
佯为不闻	/30	恕可成德	/43
骂殊自若	/31	公诚有德	/43
为同列斥	/31	所持一心	/44
不发人过	/32	人服雅量	/44
器量过人	/33	终不自明	/45
动心忍性	/34	万曹长者	/45
受之未尝行色	/34	逾年后杖	/46
与物无竞	/35	终不自辩	/47
忤逆不怒	/35	自择所安	/47
潜卷授之	/36	称为晋士	/48
俾之自新	/36	得金不认	/49
未尝按黜一吏	/37	一言齑粉	/50
小过不怿	/37	无入不自得	/50
拔藩益地	/38	不若无愧死	/51
兄弟讼田　至于失败	/38	未尝含怒	/52
将愤忍过片时　心便清凉	/39	谢罪敦睦	/53
愤争损身　愤亦损财	/40	处家贵宽容	/58
十一世未尝讼人于官	/40	亲戚不可失欢	/59
无疾言剧色	/41	王龙舒劝诫	/59

劝忍百箴

笑之忍第一	/64	色之忍第十	/70
诏之忍第二	/64	贪之忍第十一	/71
淫之忍第三	/65	气之忍第十二	/71
侈之忍第四	/66	权之忍第十三	/72
言之忍第五	/67	势之忍第十四	/73
食之忍第六	/67	骄之忍第十五	/73
声之忍第七	/68	矜之忍第十六	/74
乐之忍第八	/69	贵之忍第十七	/75
酒之忍第九	/69	贱之忍第十八	/75

贫之忍第十九	/76	仇之忍第五十六	/103
富之忍第二十	/77	妒之忍第五十七	/104
宠之忍第二十一	/77	俭之忍第五十八	/104
辱之忍第二十二	/78	惧之忍第五十九	/105
争之忍第二十三	/79	变之忍第六十	/106
失之忍第二十四	/80	取之忍第六十一	/106
生之忍第二十五	/80	予之忍第六十二	/107
死之忍第二十六	/81	乞之忍第六十三	/108
安之忍第二十七	/82	求之忍第六十四	/108
危之忍第二十八	/82	利害之忍第六十五	/109
忠之忍第二十九	/83	祸福之忍第六十六	/110
孝之忍第三十	/84	不平之忍第六十七	/111
仁之忍第三十一	/85	不满之忍第六十八	/111
义之忍第三十二	/85	听谗之忍第六十九	/112
礼之忍第三十三	/86	苛察之忍第七十	/113
信之忍第三十四	/87	小节之忍第七十一	/114
智之忍第三十五	/87	无益之忍第七十二	/115
勇之忍第三十六	/88	随时之忍第七十三	/115
喜之忍第三十七	/88	苟禄之忍第七十四	/116
怒之忍第三十八	/89	躁进之忍第七十五	/117
好之忍第三十九	/90	勇退之忍第七十六	/117
恶之忍第四十	/91	特立之忍第七十七	/118
欺之忍第四十一	/92	才技之忍第七十八	/119
侮之忍第四十二	/93	挫折之忍第七十九	/120
谤之忍第四十三	/94	不遇之忍第八十	/120
誉之忍第四十四	/94	同寅之忍第八十一	/121
劳之忍第四十五	/95	背义之忍第八十二	/122
苦之忍第四十六	/96	事君之忍第八十三	/122
急之忍第四十七	/97	事师之忍第八十四	/123
躁忍第四十八	/97	为士之忍第八十五	/124
满之忍第四十九	/98	为农之忍第八十六	/124
快忍第五十	/99	为工之忍第八十七	/125
忽之忍第五十一	/99	为商之忍第八十八	/125
疾之忍第五十二	/100	父子之忍第八十九	/126
忤之忍第五十三	/101	兄弟之忍第九十	/127
直之忍第五十四	/101	夫妇之忍第九十一	/128
虐之忍第五十五	/102	奴婢之忍第九十二	/128

宾主之忍第九十三	/129	将帅之忍第九十七	/132
交友之忍第九十四	/130	宰相之忍第九十八	/133
年少之忍九十五	/131	顽嚚之忍第九十九	/133
好学之忍第九十六	/131	屠杀之忍第一百	/134

忍经·劝忍百箴

忍　经

圣 人 劝 诫

【原文】

《易·损卦》云："君子以惩忿窒欲。"

【译文】

《易经·损卦》称："君子自己抑制愤怒和控制情欲。"

【原文】

《书》周公诫周王曰："小人怨汝詈汝，则皇自敬德。"又曰："不啻不敢含怒。"又曰："宽绰其心。"

【译文】

《尚书》载周公告诫周成王说："坏人忌恨你，骂你，你自己应当加强修养，不要理睬他们。"又说："不只是不敢发怒。"又说："要放宽你的心胸。"

周公　姓姬，名旦，亦称叔旦，西周初期杰出的政治家、军事家和思想家。

【原文】

成王告君陈曰："必有忍，其乃有济；有容，德乃大。"

【译文】

周成王告诫君陈，说："必须有忍性，事情才能办成；有度量，道德才能高尚。"

【原文】

《左传·宣公十五年》："谚曰：'高下在心，川泽纳污，山薮藏疾。'瑾瑜匿瑕，国君含垢，天之道也。"

【译文】

《左传》宣公十五年记载:"谚语说:'要在心里酌度行事的机宜,江河和沼泽容纳着污秽,山和湖泊中隐藏着毒物。'美玉含有瑕疵,国君忍受坏人,是自然的道理。"

【原文】

"昭公元年":"鲁以相忍为国也。"

【译文】

《左传》昭公元年记载:"鲁国以相互忍让来治理国家。"

【原文】

《左传·哀公二十七年》:"知伯入南里门,谓赵孟入之。对曰:'主在此。'知伯曰:'恶而无勇,何以为子?'对曰:'以能忍。耻庶无害赵宗乎?'"

【译文】

《左传》哀公二十七年记载:"知伯进入南里门,叫赵孟也进来。赵孟回答说:'我的君主在这里。'知伯说:'你不勇敢,别人怎么会尊敬你呢?'回答说:'因为我能忍耐。耻笑我对我有什么伤害呢?'"

【原文】

楚庄王伐郑,郑伯肉袒牵羊以迎。庄王曰:"其君能下人,必能信用其民矣。"

【译文】

楚庄王攻打郑国,郑国君王袒露着肩膀牵着羊来迎接楚国的军队。楚庄王说:"郑国的君王能够忍受别人的侮辱,也一定能对郑国的老百姓讲信用。"

【原文】

《左传》:"一惭之不忍,而终身惭乎?"

【译文】

《左传》:"不愿忍受一次羞辱,而使自己惭愧一辈子吗?"

【原文】

《论语》:"孔子曰:小不忍,则乱大谋。"

【译文】

《论语》:"孔子说:'小的事情不忍让,就会破坏了大的计划。'"

【原文】

又曰:"一朝之忿,忘其身以及其亲,非惑欤?"

孔子 (前551—前479)名丘,字仲尼,春秋后期鲁国人。

【译文】

《论语》载孔子说:"一时气愤之下,忘记了自己以及自己的亲人,而做出了错事,这不是糊涂吗?"

【原文】

又曰:"君子无所争。"

【译文】

《论语》载孔子说:"君子之人不想与别人争什么。"

【原文】

又曰:"君子矜而不争。"

【译文】

《论语》载孔子说:"君子之人,处事谨慎,从不与人斗争。"

【原文】

《论语·泰伯》曾子曰:"犯而不校"。

【译文】

《论语》载曾子说:"纵然被人欺侮,也不计较这件事。"

【原文】

戒子路曰:"齿刚则折,舌柔则存。柔必胜刚,弱必胜强。好斗必伤,好勇必亡。百行之本,忍之为上。"

【译文】

孔子告诫子路说:"牙齿刚硬而容易折断,舌头柔软而得以保全。柔一定会战胜刚,柔一定会胜强。好斗的人必定受到伤害,好勇的人定会导致死亡。做各种事情的根本,忍让为最重要。"

【原文】

《老子》曰:"知其雄,守其雌;知其白,守其黑。"

【译文】

《老子》说:"知道它是雄性的,就用雌性的动物去对付它;知道它是白色的,就用黑色的去对付它。"

老子　姓李名耳,字伯阳,又称老聃。道家学派的始祖。

【原文】

又曰:"大直若屈,大智若拙,大辩若讷。"

【译文】

又说:"最直的东西看起来好像是弯曲的;真正聪明的人表面上好像是笨拙的;最能辩论的人看起来像是很木讷。"

【原文】

又曰:"上善若水,水善利万物而不争。"

【译文】

　　《老子》又说："至高的品德像水一样，能有利于万物而不争斗。"

【原文】

　　又曰："天道不争而善胜，不言而善应。"

【译文】

　　《老子》又说："符合自然规律的事物，虽然不与别物相争，却能取胜；虽然不说话，却善于应答。"

【原文】

　　荀子曰："伤人之言，深于矛戟。"

【译文】

　　荀子说："伤害别人的言语，比用矛戟刺入人体还要厉害。"

【原文】

　　蔺相如曰："两虎共斗，执不俱生。"

【译文】

　　蔺相如说："两只老虎争斗，肯定不能都保存自己的性命。"

【原文】

　　晋王玠尝云："人有不及，可以情恕。"

【译文】

　　晋代的王玠曾经说过："别人有做得不好的地方，一定要从情义上宽恕、原谅他。"

【原文】

　　又曰："非意相干，可以理遣，终身无喜愠之色。"

【译文】

　　王玠又说："不要意气用事，与别人争斗，可以用道理来谴责他。一生保持温和，不要有喜怒之色。"

细过掩匿

【原文】

　　曹参为国相，舍后园近吏舍。日夜饮呼，吏患之，引参游园，幸国相召，按之。乃反，独帐坐饮，亦歌呼相应。见人细过，则掩匿盖覆。

曹参（？—前190），是继萧何后的汉代第二位相国。高祖六年，封平阳侯。

【译文】

　　曹参做汉惠帝的丞相，他家的后园靠近小官吏的住所，小官吏日夜欢呼吵闹，其他的官吏很担心，领着曹参游览后园，希望国相能召见他们，让他们停止吵闹。曹参回来后，独自坐在帐中饮酒，也和小官吏们唱歌呼应。看见别人有小的过失，就替他们掩盖。

醉饱之过　不过吐呕

【原文】

　　丙吉为相，驭史频罪，西曹曹罪之。吉曰："以醉饱之过斥人，欲令安归乎？不过吐呕丞相东茵。"西曹第忍之。

【译文】

　　丙吉任丞相，他的马车夫经常喝醉，西曹要处罚他。丙吉说："因为别人喝醉而斥责他，想让人家安心地待下去吗？不过是呕吐弄脏了丞相的车垫罢了。"西曹只好容忍他。

圯上取履

【原文】

张良亡匿，尝从容游下邳。圯上有一老父，衣褐。至良所，直坠其履圯上。顾谓良曰："孺子，下取履。"良愕然，强忍，下取履，因跪进。父以足受之，曰："孺子可教矣。"

【译文】

张良逃亡时曾在下邳从容地游玩。桥上有一位老人，穿着粗布衣服。到了张良面前，直直地把鞋扔到桥下，回过头对张良说："小伙子，下去取鞋去。"张良惊愕，强忍住怒气，下桥捡鞋，跪着献给老人。老人用脚去受鞋，说："孺子可教啊。"

张良　字子房，汉初三杰之一。汉朝建立，封留侯。

出胯下

【原文】

韩信好带长剑，市中有一少年辱之，曰："君带长剑，能杀人乎？若能杀人，可杀我也；若不能杀人，从我胯下过。"韩信遂屈身，从胯下过。汉高祖在为大将军，信召市中少年，语之曰："汝昔年欺我，今日可欺我乎？"少年乞命，信免其罪，与其一效官也。

【译文】

韩信喜欢身佩长剑，在集市上，一位少年侮辱韩信，说："你身佩长剑，但你敢杀人吗？如果你能杀人，可以把我杀了；如果你不能杀我，那么，就请你从我的两腿之间钻过去。"韩信于是弯着身体，从那位少年的两腿之间钻过。后来，汉高祖刘邦任命韩信为大将军，韩信将曾经侮辱过自己的那个少年召到跟前，对他说："你过去曾经欺负我，现在还可以欺负我吗？"那位少年求韩信饶命，韩信赦免了他的罪过，给他封了一个小官。

尿 寒 灰

【原文】

韩安国为梁内史，坐法在狱中，被狱吏田甲辱之。安国曰："寒灰亦有燃否？"田甲曰："寒灰倘燃，我即尿其上。"于后，安国得释放，任梁州刺史，田甲惊走。安国曰："若走，九族诛之；若不走，赦其罪。"田甲遂见安国，安国曰："寒灰今日燃，汝何不尿其上？"田甲惶惧，安国赦其罪，又与田甲亭尉之官。

【译文】

韩安国担任梁国内史时，因犯法被关到监狱中。狱中小吏田甲侮辱他。韩安国问田甲："冷却的灰可重新燃烧起来吗？"田甲说："如果冷灰可以重燃，我就用小便浇熄。"后来，韩安国释放出狱，被任命为梁州刺史。田甲吓得逃跑了。韩安国说："田甲如果逃走，就把他的家族都杀了；如果不走，可以原谅他的罪过。"田甲于是来见韩安国。韩安国问田甲："冷灰今天重燃，你何不用尿浇熄呢？"田甲十分害怕，韩安国却原谅他的罪过，并授予他一个亭尉官职。

诬 金

【原文】

直不疑为郎同舍，有告归者，误持同舍郎金去，金主意不疑。不疑谢，有之买舍，偿之。后告归者至，而归亡金，郎大渐。以此称为长者。

【译文】

直不疑与人同住，有一个回家的人，误将同舍郎的金子拿走了。同舍郎怀疑直不疑偷走他的金子，直不疑表示认错，买了金子，还给了他。等到回家的人回来后，将同舍郎丢失的金子如数归还，同舍郎很惭愧。因此大家都称直不疑是忠厚的人。

诬 裤

【原文】

陈重同舍郎有告归宁者，误持邻舍郎裤去。主疑重所取，重不自申说，市裤以还。

【译文】

陈重同宿舍有人回家去，误拿了邻宿舍人的一条裤子，主人怀疑是陈重拿走的，陈重也不申辩，买了一条裤子还给他了。

羹污朝衣

【原文】

刘宽仁恕，虽仓卒未尝疾言剧色。夫人欲试之，趁朝装毕，使婢捧肉羹翻污朝衣。宽神色不变，徐曰婢曰："羹烂汝手耶？"

【译文】

刘宽仁慈宽厚，即便是慌乱的时候也从不说不好的话，显示气愤的脸色。他的妻子想试试他，趁他刚穿好上朝服装准备上朝的时候。妻子派婢子送来一碗肉汤，故意打翻在刘宽的身上，自然弄脏了朝装。刘宽的神色一点没变，慢慢地向婢子道："汤烫坏你的手了吗？"

认　　马

【原文】

卓茂，性宽仁恭，爱乡里故旧，虽行与茂不同，而皆爱慕欣欣焉。尝出，有人认其马。茂心知其谬，嘿解与之。他日，马主别得亡者，乃送马，谢之。茂性不好争如此。

【译文】

卓茂，性情宽厚，讲究仁义，与乡里的人十分要好，即使行业不同，也十分爱慕他们。卓茂曾经出门，有人说卓茂骑的马是他的。卓茂自己知道这个人弄错了，但是还是解下马，给了他。过几天，马的主人找到了他丢失的马，于是将马还给卓茂，并表示了道歉。卓茂性情不喜欢争斗到了这样的程度。

鸡肋不足以当尊拳

【原文】

刘伶尝醉，与俗人相忤。其人攘袂奋拳而往，伶曰："鸡肋不足以当尊拳。"其人笑而止。

【译文】

刘伶曾经喝醉了和一粗俗人发生矛盾，那个人挽起袖子握拳打来，刘伶说："我的鸡肋不足以抵挡尊拳。"那个人笑着就停止不打了。

刘伶　西晋沛国（今安徽宿州）人，字伯伦。"竹林七贤"之一。曾为建威将军。平生嗜酒，曾作《酒德颂》。

唾面自干

【原文】

　　娄师德深沉有度量,其弟除代州刺史,将行,师德曰:"吾辅位宰相,汝复为州牧,荣宠过盛,人所嫉也,将何求以自免?"弟长跪曰:"自今虽有人唾某面,某拭之而已。庶不为兄忧。"师德愀然曰:"此所以为吾忧也,人唾汝面,怒汝也,汝拭之,乃逆其意,所以重其怒。不拭自干,当笑而受之。"

【译文】

　　娄师德为人深沉有度量。他的弟弟被任命为代州刺史,将要出发,娄师德说:"我位至宰相,你又做了刺史,受宠幸太多了,是人们所嫉妒的,打算怎样做来免除这些嫉妒呢?"弟弟跪下说:"从今以后,即使有人唾在我脸上,我只是擦掉它而已。决不让兄长你担忧。"娄师德不愉快地说:"这就是我为你担忧的。人家唾在你脸上,是恼怒你。你去擦拭它,是忤逆了他的心意,所以更加重了他的怒气。应当不去擦拭,让它自己干掉,应当笑着承受。"

五世同居

【原文】

　　张全翁言,潞州有一农夫,五世同居。太宗讨并州,过其舍,召其长,讯之曰:"若何道而至此?"对曰:"臣无他,唯能忍尔。"太宗以为然。

【译文】

　　张全翁说,潞州有一个农夫,五代人居住在一起。唐太宗攻打并州时,经过他的家,召来这家的家长,问他:"你用什么办法做到这样子呢?"家长回答:"我没别的办法,只是能忍罢了。"唐太宗认为很对。

九 世 同 居

【原文】

张公艺九世同居，唐高宗临幸其家。问本末，书"忍"字以对。天子流涕，遂赐缣帛。

【译文】

张公艺一家九世同堂，唐高宗亲自光临他家。问他何以能九世同堂，他写了一个大大的"忍"字回答唐高宗。高宗感动得流下眼泪，于是赏了绸缎给他家。

置 怨 结 欢

【原文】

李泌、窦参器李吉甫之才，厚遇之。陆贽疑有党，出为明州刺史。贽之贬忠州，宰相欲害之，起吉甫为忠州刺史，使甘心焉。既至，置怨与结欢，人器重其量。

【译文】

李泌、窦参很器重李吉甫的才能，所以厚待他。陆贽怀疑他们结党拉派，将李吉甫放出京外任明州刺史。后来陆贽被贬到忠州，宰相想害死他，任命李吉甫为忠州刺史，以便他能报复陆贽。李吉甫一到忠州，便抛弃了往日的怨恨，与陆贽结成好朋友。人们都称李吉甫有度量。

鞍坏不加罪

【原文】

裴行俭尝赐马及珍鞍，令吏私驰马。马蹶鞍坏，惧而逃，行俭招还，云："不加罪。"

【译文】

裴行俭曾经得到皇帝赏赐的马和珍贵的马鞍，他手下的一个小官偷偷地骑他的马，马跌倒了，毁坏了马鞍，小官吓得逃跑了。裴行俭派人将他找回来，说："不要加以惩处。"

万事之中　忍字为上

【原文】

唐光禄卿王守和，未尝与人有争。尝于案几间大书忍字，至于帏幌之属，以绣画为之。明皇知其姓字非时，引对曰："卿名守和，已知不争。好书忍字，尤见用心。"奏曰："臣闻坚而必断，刚则必折，万事之中，忍字为上。"帝曰："善。"赐帛以旌之。

【译文】

唐代光禄卿王守和，从未与人发生过争执，他曾经在书桌间写了一个很大的"忍"字，帏帐之中也绣画上了"忍"字。唐明皇李隆基知道这件事，认为王守和的姓氏与名字好像是诽谤当时的政治，于是将他喊来，问道："你的名字叫守和，已经知道你不喜欢争斗；现在又喜欢写'忍'字，更显出了你的用心所在。"王守和回答说："我听说坚硬的东西必然被折断，世界上做任何事，以忍让为上策。"唐明皇称赞道："好。"并赏赐他锦帛，以给其他人树立榜样。

唐玄宗　即李隆基，又称唐明皇，睿宗李旦第三子。延和元年（712），受禅即位，改元开元。

盘碎　色不少吝

【原文】

裴行俭初平都支遮匐，获璝宝，不赟。番酋将士观焉。行俭因宴，遍出示坐者。有玛瑙盘二尺，文彩粲然。军吏趋跌，盘碎，惶惧，叩头流血。行俭笑曰："尔非故也。"色不少吝。

【译文】

裴行俭从前平定都支遮匐的时候，缴获了敌人的宝玉不计其数。少数民族的将领和士兵前去观赏这些宝玉，裴行俭在宴会上将这些宝玉都出示，给他们观赏。其中有一件玛瑙盘，二尺长，文彩斑斓，很漂亮。士兵捧着它，向前跌倒，盘子破裂了。这个士兵很害怕，跪在地上，头都磕得流血了。裴行俭笑着说："你并不是故意的呀！"脸上并没有吝惜的神情。

不忍按

【原文】

许围师为相州刺史，以宽治部。有受贿者，围师不忍按，其人自愧，后修饬，更为廉士。

【译文】

许围师当相州刺史时，对待部下宽厚仁慈。有一个官吏受了贿，许围师不忍心将他治罪，这个人自己感到惭愧，后来修身养性，成为了一个廉洁的官吏。

逊以自免

【原文】

唐娄师德，深沉有度量，人有忤己，逊以自免，不见容色。尝与李昭德偕行，师德素丰硕，不能剧步，昭德迟之，恚曰："为田舍子所留。"师娄笑曰："吾不田舍，复在何人？"

【译文】

唐朝娄师德深沉有度量。有人冒犯了他，他自己自责，而不显露计较的脸色。他曾和李昭德一起行走，娄师德很肥胖，不能快步走，李昭德认为他太慢，怪他说："我被农家子耽误了。"娄师德笑着说："我不做农家子还有谁做呢？"

盛德所容

【原文】

狄仁杰未辅政，娄师德荐之。后曰："朕用卿，师德荐也，诚知人矣。"出其奏。仁杰惭，已而叹曰："娄公盛德，我为所容，吾知吾不逮远矣。"

【译文】

狄仁杰未任宰相前，娄师德举荐他。武后说："我任用你是娄师德举荐的结果，他确实能知人善任啊。"把娄师德的奏书给狄仁杰看，狄仁杰很惭愧，出宫后感叹说："娄公有高尚的德行，我被他所包容，我知道我比他差得远了。"

狄仁杰　（630－700）唐代并州太原（今山西太原）人，字怀英。武则天时期宰相。

含垢匿瑕

【原文】

晋陈骞,沉厚有智谋,少有度量,含垢匿瑕,所在存绩。

【译文】

晋朝陈骞沉稳宽厚有智谋。少年时就有器量,能忍受羞辱,替别人掩盖小过失,他所在的地方都有政绩。

未尝见喜怒

【原文】

唐贾耽,自朝归第,接对宾客,终日无倦。家人近习,未尝见其喜怒之色,古之淳德君子,何以加焉?

【译文】

唐朝贾耽,下朝回家后仍不停地接待宾客,终日没有倦色。家中的人更了解他的生活情况,从未见过他有欢喜和愤怒的表情。古代道德纯洁的人,也不过如此吧!

语侵不恨

【原文】

杜衍曰:"今之在位者,多是责人小节,是诚不恕也。"衍历知州,提转安抚,未尝坏一官员。其不职者,委之以事,使不暇惰;不谨者,谕以祸福,不必绳之以法也。范仲淹尝与衍论事异同,至以语侵杜衍,衍不为恨。

【译文】

　　宋代的杜衍说:"如今当权在位的人,大多数都喜欢指责别人的小过错,这确实是没有宽恕之心。"杜衍从做知州到担任安抚使,从来没有贬斥一位官员。对那些不称职的官员,就让他们多干实事,不让他们闲下来养成懒惰的习惯;对那些行为不谨慎的官员,用不谨慎会导致祸福的道理教育他们,不一定要以法惩罚他们。范仲淹曾经与他讨论事情异同,以至于用语言伤害他,他也不记恨。

释盗遗布

【原文】

　　陈寔,字仲弓,为太丘长。有人伏梁上,寔见,呼其子训之曰:"夫不喜之人,未必本恶,习以性成,梁上君子是矣。"俄闻自投地,伏罪。寔曰:"观君形状非恶人,应由贫困。"乃遗布二端,令改过之,后更无盗。

【译文】

　　陈寔,字仲弓,为太丘县令。一天,有一个小偷伏在屋梁上准备行窃,陈寔见到后,把自己的儿子喊过来,教训说:"不好的人,并不一定是生性如此,乃是习惯所养成的,屋梁上那一位就是这样的人。"一会儿,屋梁上的小偷跳下来,跪在地上认罪。陈寔说:"从您的外貌上看,您并不是恶人,应该是由贫困造成的。"于是,赠给他两匹布,教他一定要改正。此后,这人再没有做过小偷。

愍寒架桥

【原文】

　　淮南孔旻,隐居笃行,终身不仕,美节甚高。尝有窃其园中竹,旻愍其涉水冰寒,为架一小桥渡之。推此则其爱人可知。

【译文】

　　淮南人孔旲，在乡村隐居，行为正直，终身没有做官，有高尚的气节。曾经有人偷窃他竹园中的竹子，孔旲可怜小偷过河寒冷，为他架了一座小桥，让他过去。从此可以想见他对别人的友善。

射牛无怪

【原文】

　　隋吏部尚书牛弘，弟弼好酒而酗，尝醉射弘驾车牛。弘还宅，其妻迎曰："叔射杀牛。"弘闻无所怪，直答曰："作脯。"坐定，其妻又曰："叔忽射杀牛，大是异事。"弘曰："已知"。颜色自若，读书不辍。

【译文】

　　隋朝吏部尚书牛弘，他的弟弟牛弼喜欢喝酒并且经常喝醉。曾经酒醉以后，用箭杀死牛弘驾车的牛。牛弘回家以后，妻子迎上前去对他说："叔叔杀死了牛。"牛弘听见后，并没有显示奇怪的神情，只是说："做肉干吧！"等到牛弘坐定以后，他的妻子又说道："叔叔射死了牛，真是奇怪的事。"牛弘回答说："已经知道了。"神色一点没有变化，也没有停止读书。

代钱不言

【原文】

　　陈重，字景公，举孝廉，在郎署。有同郎署负息钱数十万，债主日至，请求无已，重乃密以钱代还。郎后觉知而厚辞谢之。重曰："非我之为，当有同姓名者。"终不言惠。

【译文】

　　陈重,字景公,被推荐为孝廉,在衙门中当官。同衙门的一个官员负了数十万钱的债务,债主每天登门,不断地催债,陈重于是暗地里用自己的钱为这个人还清了债。这个官员后来知道这件事,十分感谢他。陈重却说:"不是我做的,大概是同姓名的人做的吧。"始终不提代人还债的恩惠。

认猪不争

【原文】

　　曹节,素仁厚,邻人有失猪者,与节猪相似,诣门认之,节不与争。后所失猪自还,邻人大惭,送所认猪,并谢。节笑而受之。

【译文】

　　曹节,一向很仁慈厚道,隔壁邻家的一头猪丢失了,与曹节家中的猪很相似,邻居便到曹节家中认领,曹节没有和他争论。后来,邻居的猪自己跑回来了,邻居感到十分惭愧,给曹节认错并还了他的猪,曹节笑笑,收下了猪。

鼓琴不问

【原文】

　　赵阅道为成都转运吏,出行,部内唯携一琴一龟,坐则看龟鼓琴。尝过青城山,遇雪,舍于逆旅,逆旅之人不知其使者也,或慢狎之,公颓然鼓琴不问。

【译文】

　　赵阅道任成都转运使,出去做事,让部下只携带一张琴和一只龟,休息时就弹琴看龟。曾经路过青城山,遇到下雪,在旅店住宿。旅店的人不知道他是转运使,有人就慢待侮辱他。赵阅道不管这些,只是弹琴。

唯 得 忠 恕

【原文】

范纯仁尝曰:"我平生所学,唯得忠恕二字,一生用不尽,以至立朝事君,接待僚友,亲睦宗族,未尝须臾离此也。"又戒子弟曰:"人虽至愚,责人则明;虽有聪明,恕己则昏。尔曹但常以责人之心责己,恕己之心恕人。不患不到圣贤地位也。"

【译文】

范纯仁曾说:"我生平所学的,只学到了忠恕两个字,一生受用不尽,以至于上朝侍奉君主,接待同事朋友,与族人亲近和睦相处,从来没有片刻离开这两字。"又告诫弟子说:"就是最愚蠢的人,在责备别人时头脑是清醒的;即使是聪明的人,在宽恕自己时就是糊涂的。你们只要经常用责备别人的心思来责备自己,用宽恕自己的心思去宽恕别人,不必担心成不了圣贤之人。"

益 见 忠 直

【原文】

王太尉旦荐寇莱公为相,莱公数短太尉于上前,而太尉专称其长。上一日谓太尉曰:"卿虽称其美,彼谈卿恶。"太尉曰:"理固当然。臣在相位久,政事阙失必多。准对陛下无所隐,益见其忠。臣所以重准也。"上由是益贤太尉。

寇準 (961-1023),北宋政治家、诗人。字平仲。谥号忠愍。

【译文】

太尉王旦推荐寇準任宰相。寇準多次在皇上面前指责王旦的缺点,而王旦专门称赞寇準的长处。皇上有一

天对太尉说："你虽然称赞他好他却说你的缺点。"太尉说："按理本来就应当是这样。我担任宰相时间长,处理不妥的政事必定很多,寇準对陛下毫不隐瞒,更见他的忠诚。这是我为什么器重他的原因。"皇上因此更加认为王旦贤明。

酒流满路

【原文】

王文正公母弟,傲不可训。一日过冬至,祠家庙列百壶于堂前,弟皆击破之,家人惧骇。文正忽自外入,见酒流,又满路,不可行,俱无一言,但摄衣步入堂。其后弟忽感悟,复为善。终亦不言。

【译文】

王安石母亲的弟弟(王安石的舅舅),性格桀傲不驯。一天过冬至,家人在王家祠堂中祭祖,堂前摆了上百壶酒,舅舅击碎了所有的酒壶,家里的人都十分畏惧。王安石从外面进来,见酒遍地流淌,路都不能走了,但是王安石没说一句话,只是提起衣服进到堂屋里去。后来,舅舅忽然醒悟过来,变好了。王安石也始终不谈击壶之事。

不形于言

【原文】

韩魏公器重闳博,无所不容,自在馆阁,已有重望于天下。与同馆王拱辰、御史叶定基,同发解开封府举人。拱辰、定基时有喧争,公安坐幕中阅试卷,如不闻。拱辰愤不助己,诣公室谓公曰："此中习器度耶?"公和颜谢之。公为陕西招讨,时师鲁与英公不相与,师鲁于公处即论英公事,英公于公处亦论师鲁,皆纳之,不形于言,遂无事。不然不静矣。

【译文】

　　韩琦稳重宽厚有器量，什么都可以容忍，还在读书时，他的名望就已传遍天下。他曾经与同馆的王拱辰以及御史叶定基，一起赴开封府，掌管科举考试。王拱辰、叶定基经常因评卷而争论，而韩琦坐在幕室中阅卷，就像没有听见。王拱辰认为他不帮助自己，到他的房子里说："你是在修养度量吗？"韩琦和颜悦色地认错。韩瑷在陕西征讨叛军时，颜师鲁与李勋不和，颜师鲁在韩琦处谈论李勋的坏话，李勋在韩琦处也讲颜师鲁的坏话，韩琦都听着，却从不吐露出去，所以没有闹起事，否则就不得安宁。

未尝峻折

【原文】

　　欧阳永叔在政府时，每有人不中理者，辄峻折之，故人多怨；韩魏公则不然，从容谕之，以不可之理而已，未尝峻折之也。

【译文】

　　欧阳修在官府为官时，只要碰到没理的人就惩罚或斥责他，所以很多人怨恨他；而韩琦却不这样，总是从容不迫地用为什么不能这样做的道理来教育他人，从不斥责或惩罚他人。

欧阳修（1007－1072），唐宋八大家之一。字永叔，号醉翁，晚号六一居士。谥号"文忠"。

非毁反己

【原文】

　　韩魏公谓："小人不可求远，三家村中亦有一家。当求处之之理。知其为小人，以小之处之。更不可接，如接之，则自小人矣。人有非毁，但当反己是，不是己是，则是在我而罪有彼，乌用计其如何。"

【译文】

韩琦说:"对于小人不一定要在很远的地方才能找到,三户人家中就有一户人家。应当寻求对付小人的办法。知道他是小人,就用对待小人的方式对待他。不要反过来报复,如果报复,自己也就变成了小人。如果有人诋毁你,只要你考虑一下是不是你自己,不是你自己,有道理的是我,而没有道理的是他。何必去计较他什么。"

辞和气平

【原文】

凡人语及其所不平,则气必动,色必变,辞必厉。唯韩魏公不然,更说到小人忘恩背义欲倾己处,辞和气平,如道寻常事。

【译文】

一般的人谈到他自己感到不平的事情时,必然动火气,脸色也起变化,言辞也就变得严厉。只有韩琦不是这样,每当他说到小人忘恩负义,准备陷害自己的时候,总是心平气和,如同说平常的事情一样。

委曲弥缝

【原文】

王沂公曾再莅大名代陈尧咨。既视事,府署毁圮者,既旧而葺之,无所改作;什器之损失者,完补之如数;政有不便,委曲弥缝,悉掩其非。及移守洛师,陈复为代,睹之叹曰:"王公宜其为宰相,我之量弗及。"盖陈以昔时之嫌,意谓公必反其故,发其隐者。

【译文】

王曾再去大名府巡察代州陈尧咨的政事。开始工作以后,官府的房屋有毁坏的，只在原有的基础上修复，不作任何改动；一些物品器皿损坏了，补修一下一件不少；在处理政事上有不妥的地方，就尽量弥补，前任做得不对的地方尽量予以掩饰。等到他移任到洛阳太守时，陈尧咨重新为代州刺史，看看自己的官府，感叹地说："王曾再应当任宰相，我的度量远远赶不上他呀！"原来，陈尧咨过去与王曾有过不愉快，猜想王曾此次一定会与自己的做法相反，并将自己的过失公开出来。

诋短逊谢

【原文】

傅献简公言李公沆秉钧，日有狂生叩马献书，历诋其短。李逊谢曰："俟归家，当得详览。"狂生遂发讪怒，随君马后，肆言曰："居大位不能康济天下，又不能引退，久妨贤路，宁不愧于心乎？"公但于马上踧踖再三，曰："屡求退，以主上未赐允。终无怍也。"

【译文】

傅尧俞曾经说起李沆的事。一天有一个狂妄的书生拦住马献上一封书信，逐条指责李沆的短处。李沆谦逊地认错说："等我回到家，一定要详细地看它。"狂生于是发怒，跟在李沆的马后面，放肆地说："处在高官的位置不能为天下谋利，又不自行引退，长久地妨碍贤人们的道路，难道就不内心有愧吗？"李沆在马上犹豫再三，说："我多次请求引退，主上没有允许。最终也不敢违抗主上啊。"

直为受之

【原文】

吕正献公著，平生未尝较曲直；闻谤，未尝辨也。少时书于座右曰："不善加己，直为受之。"盖其初自惩艾也如此。

【译文】

　　吕公著平生就从未和别人计较过是非曲直，听到别人对自己的诽谤，也不曾辩解过。年少时写过这样的座右铭说："有不善的行为施加在你的身上，坦直地去承受它。"原来他起初就是这样严厉要求自己的。

服公有量

【原文】

　　王武恭公用善抚士，状貌雄伟动人，虽里儿巷妇，外至夷狄，皆知其名氏。御史中丞孔道辅等，因事以为言，乃罢枢密，出镇。又贬官，知隋州。士皆为之惧，公举止言色如平时，唯不接宾客而已。久之，道辅卒，客有谓公曰："此善公者也"。愀然曰："孔公以职言事，岂害我者！可惜朝廷亡一直臣。"于是，言者终身以为愧，而士大夫服公为有量。

【译文】

　　王德很善待士人，他相貌雄伟，有名望，就是里巷的小孩、妇女、边疆的蛮夷之人，都知道他的名字。御史中丞孔道辅等人因为王德某件事的过错上奏皇上，于是罢免他在枢密院的官职出京镇守外地，又贬到随州任知府。朋友们都替他感到担心，而王德谈吐举止一如平时，只是不接待宾客罢了。很久后，孔道辅死了，客人中有人对王德说："这就是害你的人。"王德严肃地说："孔公以他的职责做事，难道是害我吗？可惜朝廷失去了一位正直的大臣。"于是说的人终身对此感到惭愧，而士大夫们都敬服他的器量。

宽大有量

【原文】

　　《程氏遗书》："子言：范公尧夫宽大也。昔余过成都，公时摄帅。有言公于朝者，朝廷遣中使降香峨嵋，实察之也。公一日在子欤语，子问曰：'闻中使在此，公何暇也？'公曰：'不尔，则拘束已而。'中使果然怒，以鞭伤传言者耳，属官喜谓公曰：'此一事足以塞其谤，清闻于朝。'公既不折言者之为非，又不奏中使之过也。其有量如此。"

【译文】

《程氏遗书》："程颐说：范尧夫宽大为怀。从前我经过成都时，范尧夫为军中统帅。有人在朝廷中告了范尧夫的状，朝廷派使者去峨嵋山烧香，实际上是暗中视察范尧夫的政事。一天，范尧夫与程颐闲谈，程颐说：'听说朝廷的使者在这里，此时您怎么能有闲功夫呢？'范尧夫说：'如果不这样，反而显得拘束。'使者十分恼怒，用鞭子抽打走漏消息的人的耳朵。范尧夫手下的官员对他说：'这一件事足以使其不敢在朝廷中诽谤您了，请把这件事上报朝廷。'范尧夫既不驳斥出主意的人，也不奏报使者随便打人。其度量如此之大。"

程颐

呵辱自隐

【原文】

李翰林宗谔，其父文正公昉，秉政时避嫌远势，出入仆马，与寒士无辨。一日，中路逢文正公，前趋不知其为公子也，剧呵辱之。是后每见斯人，必自隐蔽，恐其知而自愧也。

【译文】

李宗谔的父亲是李昉，他在父亲执政时，避开嫌疑，远离权势，车马俭朴，与贫寒的官员没有区别。一天，在路上碰到父亲，其父马前的官吏不知道他是公子，严厉呵斥并侮辱他。此后，李宗谔每见到这个人，都自己躲起来，以免让他知道自己的真实身份而感到惭愧。

容物不校

【原文】

傅公尧俞在徐,前守侵用公使钱,公窃为偿之,未足而公罢,后守反以文移公,当偿千缗,公竭资且假贷偿之。久之,钩考得实,公盖未尝侵用也,卒不辩,其容物不校如此。

【译文】

傅尧俞任徐州太守时,前任太守挪用了公家的钱物,傅尧俞暗暗地替他还债,还没有还完,他就被罢免了。接任太守反而写信给傅尧俞,说应当再还一千缗。傅尧俞拿出全部家产,还借了钱才将这笔钱还足。后来考核证实这钱不是傅尧俞挪用的,而他自己却始终没有申辩。他能容忍而不计较别人到了如此地步。

德量过人

【原文】

韩魏公镇相州,因祀宣尼省宿,有偷儿入室,挺刃曰:"不能自济,求济于公。"公曰:"几上器具可直百千,尽以与汝。"偷儿曰:"愿得公首以献西人。"公即引颈。偷儿稽首曰:"以公德量过人,故来相试。几上之物已荷,公赐,愿无泄也。"公曰:"诺终不以告人。"其后为盗者以他事坐罪,当死,于市中备言其事,曰:"虑吾死后,惜公之德不传于世。"

【译文】

韩琦镇守相州时,因为祭祀孔子庙,所以在外地住宿。有一个小偷走进房中,拿着刀对韩琦说道:"我自己养活不了自己,所以要向您讨借一些财物。"韩琦说:"茶桌上的器皿可以值一千缗钱,都给你吧。"小偷说:"我想割下你的头,献给西边的外国人。"韩琦随即伸着脖子让他杀头。小偷低着头说:"人称你的度量很大，所以来试试你。茶桌上的器皿我拿走了，但愿你不要将此事泄漏出去。"韩琦说："我答应终身不告诉别人。"后来，这个小偷因为犯了其他的事被判罪，将要被杀头，在刑场上他说了这件事的详细情况。他说："我考虑到我死后，韩琦的德行不能传给其他人，所以要说出来。"

众服公量

【原文】

彭公思永，始就举时，贫无余资，唯持金钏数只栖于旅舍。同举者过之，众请出钏为玩。客有坠其一于袖间，公视之不言，众莫知也，皆惊求之。公曰："数止此，非有失也。"将去，袖钏者揖而举手，钏坠于地，众服公之量。

【译文】

彭思永当初进京考试时，贫穷没有多余的钱，只带了几只金钏，住在旅馆里。一同参加考试的人请他把金钏拿出来看一看。有一位客人拿了其中的一只藏到衣袖中，彭思永看到了也不说，大家却不知道。都惊慌地寻找，彭思永说："金钏只有这些，没有丢失。"准备离去，偷钏的人举起手，金钏便掉下地，大家都佩服彭思永的度量。

还居不追直

【原文】

赵清献公家三衢，所居甚隘，弟侄欲悦公意者，厚以直易邻翁之居，以广公第。公闻不乐，曰："吾与此翁三世为邻矣，忍弃之乎？"命亟还公居而不追其直。此皆人情之所难也。

【译文】

赵清献公家住在三条大路交界的地方，住房很拥挤，他的侄儿们想使他高兴，用很高的价钱买了邻屋一位老人的房子，以扩大赵清献公的住宅。他听到这件事很不高兴，说："我和这位老人三代都是邻居，怎么忍心抛弃他呢？"命令他们立即把房子还给老人，却不追要买房子的钱。这是一般人难以做到的。

持烛燃鬓

【原文】

宋丞相魏国公韩琦帅定武时，夜作书，令一侍兵持烛于旁，侍兵它顾，烛燃公之鬓，公剧以袖摩之，而作书如故，少顷回视，则已易其人矣。公恐主吏鞭笞，亟呼视之，曰："勿易渠，已解持烛矣。"军中咸服。

【译文】

宋朝丞相魏国公韩琦在定武统率军队时，夜里写信，命令一名侍兵在旁边手持蜡烛，侍兵看别的地方，蜡烛烧着了韩琦的头发，韩琦就很快用袖子拂灭它，和原来一样写信，一会儿回头看，就已经换了人，韩琦担心主事的军官鞭打那名侍兵，立即把他叫来，说："不要换掉他，他已经知道怎样拿蜡烛了。"军中的人都很佩服他。

物成毁有时数

【原文】

魏国公韩琦镇大名，日有人献玉杯二只，曰："耕者入坏冢而得之。表里无瑕可指，绝宝也。"公以白金答之，尤为宝玩。每开宴召客，将设一桌，覆以锦衣置玉杯其上。一日召漕使，且将用之，酌酒劝坐客，俄为一吏误触倒，玉杯俱碎，坐客皆愕然，吏且伏地待罪。公神色不动，笑谓坐客曰："凡物之成毁，亦自有时数。"

俄顾吏，曰："汝误也，非故也，何罪之有？"坐客皆叹服公宽厚之德不已。

【译文】
　　魏国公韩琦镇守大名府，一天有人献给他两只玉杯，说："这是种田的人在破坟中找到的，杯子内外都没有一点瑕疵，是独一无二的宝贝。"韩琦就给他白金作为答谢，非常珍爱它们，每次设宴招待客人，都放置一张桌子，用锦绸盖着，再把玉杯放在上面，一天召来漕运使，就用玉杯斟酒劝客人喝，一时间被一个官吏碰倒，玉杯都碎了，客人都很吃惊，那名官吏就伏在地上等待处置。韩琦神色不变，笑着对客人们说："凡是世间的物品，它的生成与毁坏都自有天定的时数。"过了一会对那名官吏说："你是失误了，不是故意的，有什么罪呢？"客人们都对韩琦的宽厚的德行敬佩不已。

骂如不闻

【原文】
　　富文忠公少时，有骂者，如不闻，人曰："他骂汝。"公曰："恐骂他人。"又告曰："斥公名云富某。"公曰："天下安知无同姓名者？"

【译文】
　　富弼年少时，有人骂他，他就像没听到似的。有人说："他骂你。"富弼说："恐怕是骂别人吧。"又告诉他说："他指名道姓骂你。"富弼说："怎么就知道天下没有同名同姓的人呢？"

佯为不闻

【原文】
　　吕蒙正拜参政，将入朝，有朝士于帘下指曰："是小子亦参政耶？"蒙正佯为不闻。既而，同列必欲诘其姓名，蒙正坚不许，曰："若一知其姓名，终身便不能忘，不如不闻也。"

【译文】

吕蒙正被任命为宰相，正要入朝时，朝中的一位官吏在门帘下指着他说："这个小子也做了宰相吗？"吕蒙正假装没有听见。这时同行的官员一定要弄清那人的姓名，吕蒙正坚决不答应，说："一旦知道他的姓名，终身便忘不了，还不如不知道。"

吕蒙正 （946－1011），字圣功，河南洛阳人。977年中状元，988年被宋太宗拜为宰相。谥号"文穆"，赠中书令。

骂殊自若

【原文】

狄武襄公为真定副帅，一日，宴刘威敏，有刘易者亦与坐。易素疏悍，见优人以儒为戏，乃勃然曰："黥卒乃敢如此。"诟骂武襄不绝口。掷樽俎而起。武襄殊自若不少动，笑语愈温，易归，方自悔，则武襄已踵门求谢。

【译文】

狄青任真定副统帅时，一天宴请刘威敏，一个叫刘易的也在座。刘易向来粗疏强悍，见席间唱戏的人扮演读书人，他于是勃然大怒，说："你小子竟敢侮辱我！"因此大骂狄青不绝于口，并扔东西。狄青神色自若，一动不动，笑声语气更加温和，刘易回家后正自我惭愧，狄青已经来到他家里赔礼道歉了。

为同列斥

【原文】

王吉为添差都监，从征刘旰。吉寡语，若无能动。为同列斥，吉不问，唯尽力王事。卒破贼，迁统制。

【译文】

　　王吉任添差都监，参与征讨刘旴。王吉平时少言寡语，好像没有什么能打动他。被同事所斥责，王吉也不过问，只是尽心尽力地做事。终于打败了敌人，升为军队统制。

不发人过

【原文】

　　王文正太尉局量宽厚，未尝见其怒。饮食有不精洁者，不食而已。家人欲试其量，以少埃墨投羹中，公唯淡饭而已。问其何以不食羹，曰："我偶不喜肉。"一日又墨其饭，公视之，曰："吾今日不喜饭，可具粥。"其子弟愬于公曰："庖肉为餐人所私食，肉不饱，乞治之。"公曰："汝辈人料肉几何？"曰："一斤。今但得半斤食，其半为饔人所瘦。"公曰："尽一斤可得饱乎？"曰："尽一斤固当饱。"曰："此后人料一斤半可也。"其不发过皆类此。尝宅门坏，主者撤屋新之，暂于廊庑下启一门以出入。公至侧门，门低，据鞍俯伏而过，都不问门。毕复行正门，亦不问。有控马卒，岁满辞公，公问："汝控马几年？"曰："五年矣。"公曰："吾不省有汝。"既去，复呼回，曰："汝乃某大人乎？"于是厚赠之。乃是逐日控马，但见背，未尝视其面，因去见其面方省也。

【译文】

　　王文正度量宽厚，从来没有看见他发怒。吃的东西不干净或不好时，只是不吃而已。家里的人想试试他的度量，将少量的灰尘和墨水洒在他碗中的汤里，王文公只吃饭而不吃菜。问他为什么不喝汤，他说："我有时候不喜欢喝肉汤。"有一天，又将墨水洒在他的饭中，王文公看见以后，说："我今天不想吃饭，你们可以熬一些粥。"其儿子告诉他说："猪肉被做饭的人吃了一半，我们就吃不饱了，请父亲惩罚那个厨子。"王文公说："你们估计吃几斤肉？"儿子说："要一斤。但今天只能吃半斤肉，其余半斤让厨子藏起来了。"王文公说：

"一斤肉能吃饱吗？"儿子说："一斤肉当然可以吃饱。"王文公说："那么以后每天买一斤半肉好了。"他就像这样不揭露人的过失。他的住宅门曾经被弄坏，管理房子的人准备修补好它，暂时在走廊上开一道门，用来出入。门很低，王文公爬在马鞍上进门，也不问情况。门修好了，重新走正门，也不问。有一位驾车的士卒，驾车时间满了，要离开王家，向王文公辞行。王文公问他："你驾车多长时间了？"驾车人说："五年了。"王文公说："但我却不认识你。"驾车的人转过身刚准备离去，王文公喊他回来，说："你不是某某人吗？"于是赠给他很多物品。原来，每天驾车只是背对王文公，王文公从未见过他的面部，因为刚才一转身，所以认出来了。

器 量 过 人

【原文】

韩魏公器量过人，性浑厚，不为畦畛峭堑。功盖天下，位冠人臣，不见其喜；任莫大之责，蹈不测之祸，身危于累卵，不见其忧。怡然有常，未尝为事物迁动，平生无伪饰其语言。其行事，进，立于朝与士大夫语；退，息于室与家人言，一出于诚。人或从公数十年，记公言行，相与反复考究，表里皆合，无一不相应。

【译文】

韩琦度量过人，生性浑厚纯朴，从不搞一些小手脚。他的功劳为天下之最，在大臣中地位也是最高的，但没有见过他为此感到高兴；担负巨大的责任，濒临难以预料的祸事，生命面临危险的边缘，也从未见他忧愁过。怡然自乐，从来没有因为事物而迁动，一生中说话毫不伪饰。他做事为人，上朝以后站着与其他官员说话；回来以后，休息时与家里的人说话，都是出于真心。有一个跟随韩琦几十年的人，记下了韩琦的言行，反复对照，说的与做的都十分吻合，没有不相应的地方。

韩琦与欧阳修书

动心忍性

【原文】

尧夫解他山之石，可以攻玉。玉者，温润之物，若将两块玉来相磨，必磨不成，须是得他个粗矿底物，方磨得出。譬如君子与小人处，为小人侵陵，则修省畏避，动心忍性，增益预防，如此道理出来。

【译文】

若夫是这样解释"他山之石，可以攻玉"这句话的：玉，是温润的物品，如果用两块玉石相磨，肯定磨不成玉璧。必须用粗糙的矿石，才可以磨得出玉。这如同君子与小人相处一样，被小人欺压凌辱，却自己修身反省，避开小人，心里想清楚，耐心忍让，增加预料能力，这样就可以成为君子了。

受之未尝行色

【原文】

韩魏公因谕君子小人之际，皆高以诚待之。但知其为小人，则浅与之接耳。凡人之于小人欺己处，觉必露其明以破之，公独不然。明足以照小人之欺，然每受之，未尝形色也。

【译文】

韩琦曾说，无论是君子还是小人，都应该以诚相待。但是如果知道他是小人，就少和他来往。一般人对于小人欺骗自己的事，发现了就一定要揭露它而责备小人，韩琦独独不这样做。他的智慧足以明察小人的欺骗行径，然而每次都忍受下来，不在神色上表露出来。

与物无竞

【原文】

陈忠肃公瓘,性谦和,与物无竞。与人议论,率多取人之长,虽见其短,未尝面折,唯微示意以警之。人多退省愧服。尤好奖后进,后辈一言一行,苟有可取,即誉美传扬,谓己不能。

【译文】

忠肃公陈瓘,性格谦逊和气,与世无争。和人议论,总是夸赞别人的长处,即使看见缺点,也从不当面数落,只私下示意作为警示,这些人多数回家反省后省悟,对陈瓘感到既惭愧又佩服。他尤其喜欢奖励后辈,后辈的一言一行,只要有可取的地方,就赞誉并传扬出去,说自己做不到。

忤逆不怒

【原文】

先生每与司马君实说话,不曾放过,如范尧夫,十件只争得三四件便已。先生曰:"君实只为能受,尽人忤逆终无怒,便是好处。"

【译文】

先生每次和司马光说话,从不曾出现过错。如范尧夫,十件事只争得三、四件就停下不争了。先生说:"司马光只是能够忍受,被人得罪始终不生气,这就是好的地方。"

司马光 北宋时期著名政治家,史学家。字君实,号迂叟。

潜卷授之

【原文】

韩魏公在魏府，僚属路拯者就案呈有司事，而状尾忘书名。公即以袖覆之，仰首与语，稍稍潜卷，从容以授之。

【译文】

韩琦在魏国公府时，部下路拯在他的桌案前呈上文书，但是文书的结尾却忘了签名。韩琦就用衣袖盖起来，抬着头与他讲话，悄悄地将文书抽出来，从容不迫交给他补签上名字。

俾之自新

【原文】

杜正献公衍尝曰："今之在上者，多挺发下位小节，是诚不恕也。衍知兖州时，州县官有累重而素贫者，以公租所得均给之。公租不足，即继以公帑，量其小大，咸使自足。尚有复侵扰者，真贪吏也，于义可责。"又曰："衍历知州，提转安抚，未尝坏一个官员，其间不职者，即委以事，使之不暇惰；不谨者，渝以祸福，俾之自新。而迁善者甚众，不必绳以法也。"

【译文】

杜衍曾说："如今处在高位的人，大多喜欢揭露部下过失，这确实是不宽恕的行为。我在任兖州知州时，州县官员有的家中负担重而一贯贫困的，就用所收到的租税给他们补助，如果租税不够，就用公家的钱财，根据他们需要的多少，使他们都能自给自足。如此还有侵占公家财物的，那就真是贪官污吏了，从道义上说，他们应该受到斥责。"又说："我从做知州到安抚使，从没有惩罚过一位官员。对于其中不称职的，就让他做一些实际的事情，使他不会有空暇偷懒；不谨慎的官员，用不谨慎所带来的祸福来教育他，使他自己改过自新。于是变成好人的很多，不一定都要绳之以法。"

未尝按黜一吏

【原文】

陈文惠公尧佐，十典大州，六为转运使，常以方严肃下，使人知畏。而重犯法至其过失，则多保佑之。故未尝按黜一下吏。

【译文】

陈尧佐，做过十个大州的长官，六次任转运使，他以公正而严肃的态度对待部下，使人感到敬畏。对犯罪较重的人以及其过失，却多加原谅。所以不曾罢免过一位官吏。

小过不怪

【原文】

宋朝韩亿，在中书见诸路职司，捃拾官吏，小过不怪。曰："今天下太平，主上之心虽昆虫草木皆欲得所，士之大而望为公卿，次而望为侍从，职司二千不下，亦望为州郡，奈何锢之于圣世。"

【译文】

宋朝韩亿，在中书省内召见各路官员，检查官吏的为政情况，小的过错从不追究。他说："现在天下太平，皇帝哪怕是昆虫草木都想招过来安排在适当的位置，士大夫上则希望成为公卿，次等的也希望能够担任侍从职位，享禄在二千石以下的，也希望够成为州郡的长官，为什么将自己锁在这太平盛世呢？"

拔藩益地

【原文】

　　陈嚣与民纪伯为邻，伯夜窃藩嚣地自益，嚣见之，伺伯去后，密拔其藩一丈，以地益伯，伯觉之，惭惶，自还所侵，又却一丈。太守周府君高嚣德义，刻石旌表其闾号曰义里。

【译文】

　　陈嚣与纪伯是邻居，纪伯晚上偷偷地将划地的竹篱笆移动一下，以增加自己的土地，陈嚣见到了，等到纪伯走后，偷偷地将篱笆向自己这边移动一丈，使纪伯的地更大，纪伯发现以后，十分惭愧，归还侵占的土地之外，又将篱笆向自己这边移动一丈。周太守认为陈嚣品德高尚，讲究义气，所以用石刻上"义里"二字，来表扬陈嚣。

兄弟讼田　至于失败

【原文】

　　清河百姓乙普明兄弟，争田积年不断。太守苏琼谕之曰："天下难得者，兄弟；易求者，田地。假令得田地，失兄弟心如何？"普明兄弟叩头乞外更思，分异十年遂还同往。

【译文】

　　清河老百姓乙普明兄弟两人，为一块田地的归属打了数十年的官司。太守苏琼教导他们说："普天之下，难得的是兄弟；而容易得到的是田地。如果使你得到田地，却失去了兄弟的情义，会怎么样呢？"普明兄弟两叩头，请求去外面想一想，这样分开了十年的两位兄弟一同回家了。

将愤忍过片时　心便清凉

【原文】

彭令君曰："一朝之愤可以亡身及亲；锥刀之利可以破家荡业。胡纷争不可以不戒。大抵愤争之起，其初甚微，而其祸甚大。所谓涓涓不壅，将为江河；绵绵不绝，或成网罗。人能于其初而坚忍制伏之，则便无事矣。性犹火也，方发之初，戒之甚易；既已焰炽，则焚山燎原，不可扑灭，岂不甚可畏哉！俗语有云：得忍且忍，得诫且诫，不忍不诫，小事成大。试观今人愤争致讼，以致亡身及亲，破家荡产者，其初亦岂有大故哉？被人少有触击及必愤，被人少有所侵凌则必争，不能忍也，则詈人，而人亦骂之；殴人，而人亦殴之；讼人而人亦讼之，相怨相仇，各务相胜，胜心既炽，无缘可遏，此亡身及亲，破家荡业之由也。莫若于将愤之初则便忍之，才过片时，则心必清凉矣。欲其欲争之初且忍之，果有所侵利害，徐以礼恳问之，不从而后徐讼之于官可也。若蒙官司，见直行之，稍峻，亦当委曲以全邻里之义。如此则不伤财，不劳神，身心安宁，人亦信服。此人世中安乐法也。比之争斗愤竞、丧心费财，伺侯公庭，俯仰胥吏，拘系囹圄，荒废本业以事亡身及亲，破家荡产者，不亦远乎？"

【译文】

彭令君说："一时的气愤可以丧失自身生命还连累亲人；为争夺锥子尖那么小的利益，就能破坏家庭，荡尽家业，所以不能不戒纷争。一般纷争产生，都起源于很小的事情，而其造成的祸患却很大。这就是所说的涓涓细流不加以阻挡，就将汇成大江河；纤细的丝线不斩断它，就可以织成罗网。如果人们能够在纷争产生之初就坚持忍让，制伏自己的情绪，就不会有事。性情如同火，刚发作时，戒除它很容易；过一段时间后就火焰炽烈，就烧毁山林燎遍草原，不能扑灭了，难道不是很可怕吗？俗语说：能忍就忍，能戒就戒，不忍不戒，小事就变成大事。试看现在的人争斗以致诉讼，甚至自身丧命，累及亲人，导致倾家荡产，难道起初时就有大的缘故吗？被人稍有触犯就发怒，被人稍有侵凌就要争斗，不能忍让啊，如果骂别人，别人也会骂你；打别人，别人也会打你；你告人家，人家也会告你。相互怨恨，各自都想获胜，求胜心切，就没有办法可以遏制，这就是家破人亡的原因啊。不如在将要发怒的开始就忍下来，只要过片刻时间，心中就平静了。在想争斗之初就忍让他，真有利益被侵害的，缓缓以礼诚恳地相问，不答应，而后再上告官府就行了。如果吃了官司，应正直行事，就是受了一些委屈，也应当忍让来保全邻里的情义。这样就既不破财也不伤神，身心安宁，别人也佩服你。这是人世中求得安乐的方法。和那些气愤争斗，费心费财，听候审讯，迎合官吏的眼色，被拘禁在牢狱中，荒废正业，以至于家破人亡的人相比，相差不是太远了吗？"

愤争损身　愤亦损财

【原文】

应令君曰："人心有所愤者，必有所争；有所争者，必有所损。愤而争斗损其身，愤而争讼损其财。此君子所以鉴《易》之"损"而惩愤也。"

【译文】

应令君说："人们心里有怨愤的，必定要和别人争斗；与别人争斗，必然会有损失。愤怒而和别人争斗就会损害自己的身体，愤怒而和别人打官司就会损失自己的钱财。因此君子鉴于《易经》的"损卦"而警戒自己不要轻易愤怒。"

十一世未尝讼人于官

【原文】

《按图记》云："雷孚，宜丰人也。登进士科，居官清白，长厚，好德与义，以枢相恩赠太子太师，自唐雷衡为人长厚，至孚十一世，未尝讼人于官。时以为积善之报。"

【译文】

《按图记》载："雷孚，宜丰人。考中进士，为官清白，为人厚道，喜好仁义道德，任宰相时，皇上又赐他为太子太师。他们家庭从唐朝的雷衡开始就为人忠厚，到雷孚共十一代，从没有与人在官府打过官司。当时的人都认为是积善的回报。"

无疾言剧色

【原文】

吕正献公自少讲学，明以治心养性为本，寡嗜欲，薄滋味，无疾言，无剧色，无窘步，无惰容，笑俚近之语，未尝出诸口。于世利纷华，声伎游宴以至于傅弈奇玩，淡然无所好。

【译文】

吕蒙正少年时期讲求学问，明晓人应当以修身养性为根本，清净寡欲，没有严厉的语言，没有愤怒的脸色，没有慌张的脚步，没有疲倦的神情，笑语、粗俗的话不曾出之于口。对那些世俗的繁华、声色犬马、宴会乃至赌博、下棋等娱乐活动都看得很平淡而不去爱好。

子孙数世同居

【原文】

温公曰："国家公卿能导先法久而不衰者，唯故李相昉家，子孙数世至二百余口，犹同居共爨，田园邸舍所收及有官者俸禄，皆聚之一库，计口日给饷。婚姻丧葬，所费皆有常数，分命子弟掌其事。"

【译文】

　　司马光说："国家的公卿官吏中，能够继承前辈的礼法，而长久昌盛不衰的，只有已故的丞相李昉家。李昉一家子孙几代，共二百余人，至今仍住在一起，共同生活。田地、菜园中所收成的东西以及官人的俸禄，都集中放在一座仓库里，按人口计划开支每日的生活费用。婚丧嫁娶的开支都有规定的数额，由儿孙们分别掌管。"

原 得 金 带

【原文】

　　康定间，元昊寇边，韩魏公领四路招讨，驻延安。忽夜有人携匕首至卧内，剧褰帏帐，魏公问："谁何？"曰："某来杀谏议。"又问曰："谁遣汝来？"曰："张相公遣某来。"盖是时也，张元夏国正用事也。魏公复就枕曰："汝携予首去。"其人曰："某不忍，愿得谏议金带，足矣！"遂取带而去。明日，魏公亦不治此事。俄有守陴卒扳城橹上得金带者，乃纳之。时范纯祐亦在延安，谓魏公曰："不治此事为得体，盖行之则沮国威。今乃受其带，是堕贼计中矣。"魏公握其手，再三叹服曰："非琦所及也。"

【译文】

　　宋朝康定年间，韩琦为抵御元昊的侵犯，带四路军马讨伐，驻扎延安。夜里忽然有人携匕首来到韩琦的卧室，突然掀开帏帐。韩琦问道："你干什么？"对方回答道："我来杀你。"韩琦又问："是谁派你来的？"对方回答说："是张相公派我来杀你。"原来当时，张元在西夏正在执政。韩琦重新躺下，说："你把我的头拿去吧！"那个人说："我不忍心杀你，把你的金带拿走就行了。"于是拿走了他的金带。第二天，韩琦也没有处理这件事。过了一会儿，守城墙的士兵报告说，在城墙上捡到一根金带。韩琦于是收回了金带。当时范纯祐也在延安，他对韩琦说："不处理这件事十分得体，如果处理，就会有损于国家的威望。现在拿到了带子，越城墙的小贼就中计了。"韩琦握着他的手，再三佩服地说："这不是我韩琦所能想到的。"

恕可成德

【原文】

范忠宣公亲族有子弟请教于公,人曰:"唯检可以助廉,唯恕可以成德。"其人书于座隅,终身佩服。自平生自养无重,肉不择滋味粗粝。每退自公,易衣短褐,率以为常。自少至老,自小官至大官,终始如一。

【译文】

范忠宣公亲属中有一位子弟向他请教,他说:"只有俭朴可以帮助人保持廉洁,宽恕忍让可以帮助人达到高尚的境界。"这位子弟将这句话写在自己的座位角上,终身对他佩服不已。范忠宣公自己平生修身养性,对于粗糙肉食也从不挑剔。从官府回来以后,立即换上粗短衣服,习以为常。从小到老,从小官到大官,始终都是这样。

公诚有德

【原文】

荥阳吕公希哲,熙宁初监陈留税,章枢密粢方知县事,心甚重公。一日与公同坐,剧峻辞色,折公以事。公不为动,章叹曰:"公诚有德者,我聊试公耳。"

【译文】

荥阳吕希哲,宋朝熙宁初任陈留县的收税官。当时章粢刚刚任陈留县知县,打心眼里对吕希哲十分看重。一天,章粢与吕希哲坐在一起,言辞激烈地指责吕希哲,吕希哲始终不因此而发怒。章粢感叹地说:"您真是道德高尚的人啊!我刚才只是试试您罢了。"

所持一心

【原文】

王公存极宽厚，仪状伟然。平居恂恂，不为诡激之行；至有所守，确不可夺。议论平恕，无所向背。司马温公尝曰："并驰万马中能驻足者，其王存乎？"自束髮起家，以至大耋，历事五世而所持一心，屡更变故，而其守如一。

【译文】

王存为人极为忠厚宽容，外表也很高大。平时很平淡，不做诡密激烈的事情；而他所坚持的事情，却从不让步。平时说话评论人事，中正平和，没有褒贬不一的话。司马光说过："万马奔腾中能够停下来立住脚的大概只有王存了。"从成年入仕，到老之将至，一生共侍奉过五位皇帝，忠贞不改。朝代屡屡改变，但是他却始终如一。"

人服雅量

【原文】

王化基为人宽厚，尝知某州，与僚属同坐。有卒过庭下，为化基喏而不及，幕职怒召其卒笞之。化基闻之，笑曰："我不知其欲得一喏如此之重也。昔或知之，化基无用此喏，当以与之。"人皆伏其雅量。

【译文】

王化基为人宽容厚道，曾经任某州的长官，与同事和下属们坐在一起。有一位士兵从院子过，王化基招呼他，他没有答应就走开了。管事的人很恼火，用鞭子抽打了那位士兵。王化基听到这件事，笑着说："我不知道士兵没有回应招呼会有这么严重的后果。过去如果知道这一点，我就不必打这个招呼了。"当时人都佩服他的度量。

终不自明

【原文】

高防初为澶州防御使张从恩判官,有军校段洪进盗官木造什物,从恩怒,欲杀之。洪进绐云:"防使为之。"从恩问防,防即诬伏,洪进免死。乃以钱十千、马一匹遗防而遣之。防别去,终不自明,既又以骑追复之。岁余,从恩亲信言防自诬以活人命,从恩惊叹,益加礼重。

【译文】

高防开始时任澶州防御使张从恩的判官,有个叫段洪进的军校盗窃了公家的木材去做家具,张从恩发怒,想杀了他。段洪进辩解说:"是高防让我做的。"张从恩问高防,高防立即承认,免除了段洪进的死罪,于是张从恩把十千钱,一匹马赠给高防,把他遣退了。高防告别离去,最终也不说明。不久张从恩又派人骑马把他追回来。一年多后,张从恩的亲信说高防是自己诬陷自己来救活人命,张从恩很惊叹,更加器重高防。

万曹长者

【原文】

长乐陈希颖,至道中为果州户曹,有税官无廉称,同僚虽切齿而不言,独户曹数之大义责之,冀其或悛,已而有他陈。后税官秩满,将行,厅之小吏持其贪墨状于郡曰:"行箧若干,各有字号。某字号其箧,皆金也。"郡将甚怒,以其事付户曹,俾阴同其行,则于关门之外,罗致其所状字箧验治之,闻者皆为之恐。户曹受命,不乐曰："夫当其人居官之时不能惩艾，而使遂其奸。今其去者，反以巧吏之言害其长，岂理也哉！"因遣人密晓税官，曰："吾不欲以持评之言危君事，无当自白，不则早为之所。"税官闻之，乃易置行李，乱其先后之序。既行，户曹与吏候于关外，俾指示其所谓有金者，拘送之官，他悉纵遣之。及造郡亭，启视，则皆衣食也。郡将释然，税官得以无事去郡。人翕然称户曹为长者，而户曹未尝有德色也。

【译文】

长乐的陈希颖，至道年中任果州户曹。这个州有一名税官名声不好，同僚们虽然恨他却不说出来，只有陈希颖以大义责备他，希望他能改过，后来又说过几次。后来税官任期已满，将离去，他手下的一个小官吏拿着税官贪污的清单，送给了郡守，说："税官的行李有若干个箱子，都编了序号，而其中的某号箱子都是金子。"郡守很生气，把这事交给陈希颖处理，叫人暗中跟随税官，到关门外就按状上的字号检查箱子。听到的人都为税官感到害怕。陈希颖接受了命令，不高兴地说："当他做官时不惩治他，而使他犯下罪行。如今他要走，仅仅因小吏的话就祸害上司，难道有这种道理吗？"就派人秘密告诉税官，说："我不想因别人说你的坏话而伤害你，如果没有贪污的事应该自我辩解，如果有应当早做安排。"税官听到后，就调换行李箱的东西，打乱原先的顺序。税官出发后，陈希颖和小吏在关外守候，把指示的所谓有金的箱子扣下来送往官府，其他箱子全放行了。等到了郡守那里，打开一看，都是衣服食物。郡守息怒了，税官得以平安离开。人们都称赞陈希颖是长者，而他却没有显出对人有恩德的神色。

逾年后杖

【原文】

曹侍中彬，为人仁爱多恕，尝知徐州。有吏犯罪，既立案，逾年然后杖之，人皆不晓其旨。彬曰："吾闻此人新娶妇，若杖之，彼其舅姑必以妇为不利而恶之，朝夕笞骂，使不能自存。吾故缓其事而法亦不赦也。"其用志如此。

【译文】

　　侍中曹彬,为人仁爱,多宽恕别人的过失,曾任徐州太守。有官吏犯罪,已经立了案,过了一年后才杖打他,人们都不知道他的想法。曹彬说:"我听说这个人刚娶媳妇,如果杖打他,他的父母一定会认为是媳妇带来的不利,因而厌恶她,日夜打骂她,使她难以活命。所以我延缓了处置时间而又没违反法律。"他的仁慈用心原来这般良苦。

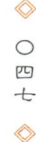

曹彬　(931—999)北宋初期大将。字国华,真定灵寿(今河北)人。

终不自辩

【原文】

　　蔡襄尝饮会灵东园,坐客有射矢误中伤人者,客剧指为公矢,京师喧然。事既闻,上以问公,公再拜,愧谢终不自辩,退以未尝以语人。

【译文】

　　蔡襄曾经在会灵东园饮酒,席间一位坐客射箭误伤了一位游人,坐客立即说是蔡襄的箭矢,京城里一下子都纷纷传说这件事。皇帝听说后问蔡襄,蔡襄只是叩头请求原谅,始终不替自己辩白,回来以后也没有告诉别人。

自择所安

【原文】

　　张文定公齐贤,以右拾遗为江南转运使。一日家宴,一奴窃银器数事于怀中,文定自帘下熟视不问尔。后文定晚年为宰相,门下厮役往往侍班行,而此奴竟不沾禄。奴隶间再拜而告曰:"某事相公最久,凡后于某者皆得官矣。相公独遗某,何也?"因泣下不止。文定悯然语曰:"我欲不言,尔乃怨我。尔忆江南日盗吾银器数事乎？我怀之三十年不以告人，虽尔亦不知也。吾备位宰相，进退百官，志在激浊扬清，敢以盗贼荐耶？念汝事吾日久，今予汝钱三百千，汝其去吾门下，自择所安。盖吾既发汝平昔之事，汝其有愧，于吾而不可复留也。"奴震骇，泣拜而去。

【译文】

张齐贤，从右拾遗升为江南转运使。一天举行家宴，一个仆人偷了若干件银器藏在怀里，齐贤在门帘后看见却不过问。后来，齐贤晚年任宰相，他家的仆人很多也做了官，只有那位仆人竟没有官职俸禄。这个奴仆乘空闲时间跪在齐贤面前说："我侍候您时间最长，比我后来的人都已经封官，您为什么独独遗忘了我呢？"于是哭泣不停。齐贤同情地说："我本来不想说，你又会怨恨我。你还记得在江南时，你偷盗银器的事吗？我将这件事藏在心中近三十年没有告诉过别人，即使你自己也不知道。我现在位居宰相，任免官员，激励贤良，斥退贪官污吏，怎能推荐一个小偷做官呢？看在你侍候了我很长时间，现在给你三十万钱，你离开我这儿，自己选择一个地方安家吧。因为我既然揭发这件过去的事，你也必然有愧于我而无法再留下。"仆人十分震惊，哭着拜别而去。

称为晋士

【原文】

曹州于令仪者，市井人也，长厚不忤物，晚年家颇丰富。一夕，盗入其家，诸子擒之，乃邻舍子也。令仪曰："尔素寡过，何苦而盗耶？""迫于贫尔。"问其所欲，曰："得十千足以资衣食。"如其欲与之。既去，复呼之，盗大惧，语之曰："尔贫甚，负十千以归，恐为逻者所诘。"留之至明使去。盗大恐惧，卒为良民。邻里称君为善士。君择子侄之秀者，起学室，延名儒以掖之，子及侄杰效，继登进士第，为曹南令族。

【译文】

曹州于令仪，本是市民，为人忠厚，不损人利己，晚年家境颇为富裕。一天晚上，有人到他家行盗。于令仪的儿子们抓住了小偷，原来是邻居的儿子。令仪对他说："你平时从未做过坏事，何苦做小偷呢？"那人回答说："都是贫穷逼的。"问他需要什么，小偷回答说："有一万钱就足以买食物及衣服了。"令仪按照他要求的数目给了他。小偷刚一走，令仪又叫他回来，盗贼很怕，令仪对他说："你十分贫穷，晚上却背着一万钱，恐怕巡逻的人会盘问你。"留到天亮才打发他走。盗贼十分惭愧，终于成了良民。邻居乡里都称令仪是好人。令仪选择了子侄中的优秀者，办了学校，请有名望的教书先生来执教。儿子及侄子于杰效，陆续考中了进士，成为曹州南面一带的望族。

得金不认

【原文】

张知常在上庠日，家以金十两附致于公，同舍生因公之出，发箧而取之。学官集同舍检索，因得其金。公不认，曰："非吾金也。"同舍生至夜袖以还公，公知其贫，以半遗之。前辈谓公遣人以金，人所能也；仓卒得金不认，人所不能也。

【译文】

张知常在学堂读书的时候，家里给了十两金子让别人带去，同寝室的人看到张知常不在，就打开箱子，把金子拿走了。学堂的官吏召集同寝舍的人进行搜查，搜到了金子，张知常却不认，说："这不是我的金子。"同寝舍的人，趁夜晚将金子放在衣袖中归还，张知常知道他很贫困，送了一半金子给他。前辈们说张知常送人金子，这是可以做到的；但是仓忙中搜出金子，却不认，这是别人所做不到的。

一言齑粉

【原文】

丁晋公虽险诈，亦有长者之言。仁庙尝怒一朝士，再三语及公，不答，上作色曰："叵耐，问辄不应谓。"徐奏曰："雷霆之下，更有一言，则齑粉矣。"上重答言。

【译文】

丁晋公虽然奸滑，但有时候也讲出一些长者的话。宋仁宗曾经对一位官员十分恼火，再三地与丁晋公说，晋公都不回答。皇帝恼怒地说："真能忍耐，我问话都不回答了。"丁晋公慢慢地说："在您大发雷霆之时，我再说话，那不就将那位官吏捻成细粉了吗！"皇帝十分满意他的回答。

无入不自得

【原文】

患难，即理也。随患难之中而为之计，何有不可？文王囚羑里而演《易》，若无羑里也。孔子围陈蔡而弦歌，若无陈蔡也。颜子箪食瓢饮而不改其乐，原宪衣敝履穿而声满天地。至夏侯胜，居桎梏而谈《尚书》，陆宣公谪忠州而作集，验此无他若，素生患难而安之也！《中庸》曰："君子无入而不自得焉。"是之谓乎？

【译文】

人生患难，这是自然的常理。虽然处在困难时却能做自己的事，有什么不可以的呢？周文王被关在羑里时，这能安心地演绎《周易》，好像没有被囚禁在羑里一样。孔子被围困在陈国和蔡国时，还能弹琴唱

周文王　姬姓，名昌。商纣时为西伯，亦称伯昌。死后周人谥西伯为文王。

歌，好像没有被围困在陈国和蔡国一样。颜回过着一箪饭一瓢水的穷困潦倒的生活，却仍然保持快乐，原宪过着衣衫褴褛的生活，却仍然能够名扬四海。夏侯胜在监狱中却谈论《尚书》，陆贽被贬到忠州却作诗文集。对照这些，都是这个道理，虽然受难却仍然平安处之。《中庸》说："君子在任何地方都能自得其乐。"就是说这个道理吧。

不若无愧死

【原文】

范忠宣公奏疏，乞将吕大防等引赦原放，辞甚恳，至忤。大臣章惇落职知随公草疏时，或以难回触怒为解，万一远谪，非高年所宜。公曰："我世受国恩，事至于此，无一人为上言者。若上心遂回，所系非小。设有不从，果得罪死，复何憾。"命家人促装以俟谪命。公在隋几一年，素苦目疾，忽全失其明。上表乞致仕，章惇戒堂吏不得上，惧公复有指陈。终移上意，遂贬武安军节度副使，永州安置。命下，公怡然就道，人或谓公为近名，公闻而叹曰："七十之年，两目俱丧，万里之行，岂其欲哉！但区区爱君之心不能自已，人若避好名之嫌，则为善之路矣。"每诸子怨章惇，忠宣必怒止之。江行赴贬所，舟覆，扶忠宣出，衣尽湿，顾诸子曰："此岂章惇为之哉。"至永州，公之诸子闻韩维少师谪均州，其子告惇，以少师执政，日与司公议论，多不合得免行。欲以忠宣与司马公议役法不同为言求归，曰公，公曰："吾用君实，荐以至宰相，同朝论事即可，汝辈以为今日之言不可也，有愧而生，不若无愧而死。"诸子遂止。

【译文】

范纯仁上奏皇上，请求将吕大防等人赦免，并重回原职，言辞非常恳切，以至触怒了皇上，当时大臣章惇被降职，跟随范纯仁一起起草文书。有人说，万一触怒了皇上而贬职流放，不是你这么大年纪受得了的。范纯仁说：

"我家世代受到朝廷的恩惠，事情到了这个地步，没有一个人上书。如果皇上回心转意，关系就非同小可。如果皇上不听，我真获罪而死，又有什么遗憾呢。"范纯仁命令家人赶快准备好行装等候流放的命令。范纯仁在隋州将近一年，平时就有眼病，担心完全失明，上表请求辞职，章惇告诫堂吏不要把奏章送上去，担心范纯仁又指责皇上。终于使皇上改变心意，于是贬范纯仁为武安军节度副使，安置在永州。命令下来后，范纯仁很平静地去上任。有人说范公是为了出名，范公听到后叹息说："七十岁的人了，两只眼睛都快失明了，还要走万里路程，难道我想要这样吗？只是我忠爱君主的心不能自己，人如果避开了好名的嫌疑，就是为善的道路了。"每次当儿子们埋怨章惇时，范纯仁必定生气地制止他们。去就职地方要乘船过江，船翻了，儿子们扶他出来，衣服全湿了，他回头对儿子们说："这难道也是章惇做的吗？"到了永州，听说韩少师被贬均州，他的儿子告诉章惇，说韩少师在执政时每天和司马光议论，经常意见不合，于是得以免行。儿子们想以范公和司马光当初对役法有不同看法为理由请求回到京城，对范公说了，范公说："我任用司马光，举荐他为宰相，只是和他同朝论事，你们今天说的话是不可以做的，怀着惭愧活着，不如没有惭愧地死去。"于是儿子们就打消了这个念头。

未尝含怒

【原文】

范忠宣公安置永州，课儿孙诵书，躬亲教督，常至夜分。在永州三年，怡然自得，或加以横逆，人莫能堪，而公不为动，亦未尝含怒于后也。每对宾客，唯论圣贤修身，行已余及医药方书，他事一语不出口。而气貌益康宁，如在中州时。

【译文】

范纯仁被贬永州，每天教儿孙们读书，常常亲自监督到半夜。在永州生活三年，范纯仁怡然自得。有人对他施加横暴，别人都不能忍受，而他不为所动，也不在事后发怒。每次应对宾客，只谈圣贤修身养性，剩下就谈些医药方术的书，对其他事一句话也不说。而他的气色更加健康，和在京城时一样。

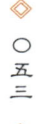

谢罪敦睦

【原文】

　　缪肜少孤，兄弟四人皆同财业，及各人娶妻，诸妇分异，又数有斗争之言。肜深怀愤，乃掩户自挝，曰："缪肜，汝修身谨行，学圣人之法，将以齐整风俗，奈何不能正其家乎？"弟及诸妇闻之，悉叩头谢罪，遂更相敦睦。

　　虞世南曰："十斗九胜无一钱利。"

　　韩魏公在政府时，极有难处置事，尝言天下事无有尽如意，须是要忍，不然，不可一日处矣。公言往日同列二、三公不相下，语常至相击，待其气定，每与平之，以理使归，于是虽胜都亦自然不争也。

　　王沂公尝言，吃得三斗醇醋，方得做宰相。尽言忍受得事也。

【译文】

　　缪肜少年时失去父母，四兄弟都生活在一起，等到各人娶了妻子，几个妯娌互相不合，兄弟间又多次有吵架的事。缪肜很气愤，就关闭家门自己打自己耳光，说："缪肜，你修身养性，行为谨慎，学习圣人的方法，准备整顿天下风气，怎么连自己家也整顿不好呢？"兄弟和妯娌们听到了，都叩头谢罪，于是相互间更加和睦。

　　虞世南说："打十架，胜九次，也没有一点好处。"

　　韩琦在官府时，常有很难处理的事。曾说，世上没有尽如人意的事情，必须要忍让，不然，就一天也呆不下去。他还说过，从前二三个同僚，相互瞧不起，说话相争以至于互相攻击。等到他们气消了，他就上前为他们评理，一切以公事为宗旨。于是，即使获胜的人也不再争了。

　　王沂公曾经说过，能喝三斗醇醋的人，才能做宰相。这是极言，要忍受一切事情。

【原文】

赵清献公座右铭：待则甚，喜任他怎奈何，休理会。人有不及，可以情恕，非意相干，可以理遣。盛怒中勿答人简，既形纸笔，溢流难收。

程子曰："愤欲忍与不忍，便见有德无德。"

张思叔绎诟詈仆夫，伊川曰："何不动心忍性？"思叔惭谢。

孙伏伽拜御史时，先被内旨而制未出，归卧家，无喜色。顷之，御史造门，子弟惊白，伏伽徐起见之。时人称其有量，以比顾雍。

【译文】

赵清献公的座右铭这样说：人家对待你严厉了，随便他怎么办，不要去理会。别人有做得不好的地方，要从情义的角度宽恕他，不要意气用事，要用道理来教育他。人在愤怒的时候，不要动笔给人写信，既然将愤怒写在纸上，说出去的话像流水一样难以收回呀！

程颐说过："人能不能克制愤怒与欲望，便可判断此人有没有道德修养。"

张绎打骂仆人，程颐说："你为什么不动之以心，忍耐自己的脾气呢？"张绎十分惭愧并致以歉意。

孙伏伽任御史时，先听到皇上的旨意而圣旨未下，他回到家中躺下，脸上没有喜色，一会儿，御史来到他家宣读圣旨，他的兄弟、子女惊喜地告诉他消息，孙伏伽慢慢走来去见那位御史。当时的人称赞他有器量，拿他和顾雍相比。

【原文】

白居易曰："恶言不出于口，愤言不反于出。"

《吕氏童蒙训》云："当官处事，务合人情。忠恕违道不远，未有舍此二字而能有济者。前辈当官处事，常思有恩以及人，而以方便为上。如差科之行，既不能免，即就其间求，所以便民。省力者，不使搔扰重为民害，其益多矣。"

张无垢云："快意事孰不喜为？往往事过不能无悔者，于他人有甚不快存焉？岂得不动于心，君子所以隐忍详复，不敢轻易者，以彼此两得也。"

【译文】

白居易说:"伤害别人的话不能说,愤怒的话不能说。"

《吕氏童蒙训》说:当官处理事务,一定要合乎人情。忠厚宽恕离圣人之道不远,没听说舍弃忠恕两字而能做成事情的。前辈们当官处理事情,常常想能给人恩德,以能给人们带来方便为上策。如派差劳役,既然不能废除,就在农闲时候进行,方便人民节省力气,不骚扰人民而成为人民的祸害,这样做的好处有很多。

张无垢说:"痛快的事情谁不喜欢做呢?但是事情过去以后自己往往后悔,对其他人来说有没有什么不愉快呢?怎么能不想一想呢?君子之所以再三容忍,不敢轻易改变,就是从彼此两个方面都能满意的角度来考虑的。"

白居易 唐代诗人,字乐天,号香山居士,祖籍太原,谥号"文",世称白傅、白文公。

【原文】

或问张无垢:"仓卒中,患难中处事不乱,是其才耶?是其识耶?"先生曰:"未必才识了得,必其胸中器局不凡,素有定力。不然,恐胸中先乱,何以临事。古人平日欲涵养器局者,此也。"

苏子曰:"高帝之所以胜,项籍之所以败,在能忍与不能忍之间而已。项籍不能忍,是以百战百胜而轻用其锋;高祖忍之,养其全锋而待其弊。"

孝友先生朱仁轨,隐居养亲,常诲子弟曰:"终身让路,不枉百步;终身让畔,不失一段。"

【译文】

有人问张无垢:"仓促之中和处在危难之时,却能有条不紊地处理事情,这是才能呢,还是胆识呢?"张无垢回答说:"这恐怕不是才能和胆识所能做到的。一定是他气量过人,一向就有镇定从容的素质。否则,恐怕自己心中先乱了,怎么还能处理事情呢?古代的人平时注意培养自己的度量与情操,就是这个原因。"

苏轼说:"汉高祖刘邦之所以胜利,项羽之所以失败,其区别就在于能忍与不能忍。项羽不能忍耐,所以百战百

苏轼(1037—1101),字子瞻,号"东坡居士",北宋著名文学家、书画家、散文家和诗人。

胜以后而轻举妄动；刘邦能忍耐，养精蓄锐，磨砺锋芒，等待着项羽的弊病出现。"

朱仁轨隐居在乡下，侍奉父母，常常教导他的儿子和学生说："终身都给别人让路，也不过多走了几百步的冤枉路；终身让给别人田地的边沿小块，也不过就失去一小段。"

【原文】

吴凑，僚史非大过不榜责，召至廷诘，厚去之，其下传相训勉，举无稽事。

韩魏公语录曰："欲成大节，不免小忍。"

《和靖语录》："人有愤争者，和靖尹公曰：'莫大之祸，起于须臾不忍，不可不谨。'"

省心子曰："屈子者能处众。"

【译文】

吴凑，同僚没有大的过错，从不张榜斥责他。将他召入庭中问问情况，然后送给他一笔厚礼，让他离开。他的下任都继承这一传统，相互勉励，不做没有根据的事情。

韩琦《语录》说："如果想培养成高尚的品质，就免不了要在小事上忍让。"

《和靖语录》载："人们有愤怒争斗的事，尹和靖就说：'最大的祸害，就是从一时的不能忍让开始的，不能不知道这一点。'"

省心子说："能委屈自己的人能够和众人融洽相处。"

【原文】3

《童蒙训》："当官以忍为先，忍之一字，众妙之门，当官处事，尤是先务。若能清勤之外，更行一忍，何事不办？"

当官不能自忍，必败。当官处事，不与人争利者，常得利多；退一步者，常进百步；取之廉者，得之常过其初；约于今者，必有重报于后。不可不思也。唯不能少自忍者，必败，实未知利害之分，贤愚之别也。

【译文】

《吕氏童蒙训》说："当官以忍为先。'忍'这一个字，是众多道理的关键。当官办事，尤其要放在首位。如果能在清廉勤政之外，再能忍让，什么事办不好？"

当官不能自我忍耐，一定会失败。做官的人处理事情，不与别人争夺利益，得到的利益通常更多；能够首先退一步的，往往能进一百步。不求多得，所得利益，往往超过当初所想要的；现在克制，将来必然有所回报。不能不认真考虑啊！只有那些不能自我忍耐的，一定会失败，这实际上是不知道利与害的不同和聪明、愚笨的区别呀！

【原文】

当官者先以暴怒为戒，事有不可，当详处之，必无不中。若先暴怒，只能自害，岂能害人？前辈尝言，凡事只怕待，待者详处之谓也。盖详处之，则思虑自出，人不能中伤。

《师友杂记》云："或问荥阳公，为小言所詈骂，当何以处之。公曰：'上焉者，知人与己本一，何者为詈，何者为辱。自然无愤怒心。下焉者，且自思曰：我是何等人，彼为何等人，若是答他，却与他一等也。以此自此，愤心亦自消也。'"

唐充之云："前辈说后生不能忍诟，不足为人，闻人密论不能容受，而轻泄之，不足以为人。"

【译文】

当官的人，首先应当戒除暴怒。事情不能办的时候，应当慎重周详地处理，没有处理不好的。如果首先就发怒，只能害了自己，怎么会害到别人呢？前辈曾经说过：处理任何事时，只怕一个"待"字，待，就是指周详慎重。如果周详慎重，就会想出办法，别人也就不能中伤你了。

《师友杂记》载："有人问荥阳公，被人流言辱骂，应当怎么对待他。他说：'上策是，明白别人与自己本来都是人，什么叫骂，什么叫辱，自然就没有愤怒的心情了。下策是，自己想一想，我是什么人，他是什么人，如果要回应他，那不就成了他一类人了吗？用这个办法来克制自己，气愤之心也可以消除。'"

唐充之说："前辈人对后生说，如果不能忍辱含垢，就不能成为完善的人；听到别人私下交谈而不能保守秘密，泄露给别人，也就不能成为人。"

【原文】

《袁氏世范》曰：人言居家久和者，本于能忍。然知忍而不知处忍之道，其失尤多。盖忍或有藏蓄之意，人之犯我藏蓄而发，不过一再而已。积之逾多，其发也如洪流之决，不可遏矣。不若随而解之，不置胸次，曰此其不思尔，曰此其无知尔，曰此其失误尔，曰此其所见者小耳，曰此其利害宁几何？不使之人于吾心，虽日犯我者十数，亦不至形于言而见于色，然后见忍之功效为甚大，此所谓善处忍者。

【译文】

《袁氏世范》称：人说能够长久和睦相处的家庭，其根本原因就是克制。但是知道克制却不知道怎样克制，其失误就更多。同样是克制，有人克制是要记在心中，别人触犯我，我就把情怒藏起来而不说，这样只不过一两次而已。如果积累的愤怒很多，那么一旦暴发起来，就像洪水一样，不可阻挡了。这样还不如随时气愤，随时消解，不留在心中。说这个不要想啦，说这个人无知啊，说这大概是他弄错了，说他看不到大的事，说这一点损失算得了什么呢？不把那个人放在自己的心中，这样即使他一天冒犯我十次，我也不会在脸上表现出气愤的神情，这样克制的效果便显示出来了。这就是所谓的善于克制。

处家贵宽容

【原文】

自古人伦贤否相杂，或父子不能皆贤，或兄弟不能皆令，或夫流荡，或妻悍暴，少有一家之中无此患者。虽圣贤亦无如之何。譬如身有疮痍疣赘，虽甚可恶，不可决去，唯当宽怀处之，若人能知此理，则胸中泰然矣。古人所谓父子兄弟夫妇之间，人所难言者，如此。

【译文】

自古以来，人类就是贤人和愚人混杂在一起的，父亲和儿子不可能都很贤明，兄弟们也不能都成为人才，或者是丈夫在外游荡，或者是妻子凶悍，很少有一家人都没有这种毛病的。即使是圣贤之人，对这些也没有什么办法可想。这就如同身上长了疮痍，虽然十分可恶，但总不能剐掉吧，只有放宽心思。如果人们能够知道这层道理，那么胸中就会平安了。这就是古人所说的父子、兄弟、夫妇之间有难以说清的事。

亲戚不可失欢

【原文】

骨肉之失欢，有本于至微，而终至于不可解者，有能先下气，则彼此酬复遂好平时矣。宜深思之。

【译文】

骨肉亲友之间失去友爱，有时候只是由很小的事引起的，而最终变成不能解决的大问题，如果有人能先控制怒气，那彼此交往就恢复如同当初。应当好好想一想这个道理。

王龙舒劝诫

【原文】

喜怒、好恶、嗜欲，皆情也。养情为恶，纵情为贼，折情为善，灭情为圣。甘其饮食，美其衣服，大其居处，若此之类，是谓养情；饮食若流，衣服尽饰，居处无厌，是谓纵情。犯之不授，触之不怒，伤之不忍，过事甚喜。

张文定公曰："谨言浑，不畏忍事，又何妨？"

孔旻曰："盛怒剧炎热，焚和徒自伤，触来勿与竞，事过心清凉。"

山谷诗曰："无人照此心，忍垢待濯盥。"

东莱吕先生诗云："忍穷有味知诗进，处事无心觉累轻。"

陆游翁诗云："忿欲至前能小忍，人人心内有期颐。"

又曰："殴攘虽快心，少忍理则长。"

又曰："小忍便无事，力行方有功。"

省心子曰："诚无悔，恕无怨，和无仇，忍无辱。"

释迦佛初在山中修行，时国王出猎，问兽所在。若实告之则害兽；不实告之则妄语，沉吟未对，国王怒，斫去一臂。又问，亦沉吟，又斫去一臂。乃发愿云："我作佛时，先度此人，不使天下人效彼为恶。"存心如此，安得不为佛。后出世果成，佛先度憍陈如者，乃当时国王也。

【译文】

喜怒、好恶、嗜欲，都属于情感。培养情感是恶，放纵情感是贼，阻止情感是善，消灭情感是圣人。吃优良的食物，穿华美的衣服，居宽大的房屋，像这些，都是培养情感；饮食上的花费如同流水，衣服都经过装饰，对住房的讲究贪得无厌，这些都是放纵情感。被人冒犯了而不计较，受到触犯也不愤怒，被人伤害了也不残忍报复，待事情过去以后就很有好处了。

张文定公说过："谨慎而忠厚，不怕容忍坏事，又有什么妨碍呢？"

孔旻说："盛怒之时，火气一定很大，烧了和气，也伤害了自己。不如事情来了不与之争斗，事情过去以后，心情也自然平静下来。"

黄庭坚诗说："没有人知道我的心思，容忍坏事，洗涮自己的心境。"

东莱的吕先生在诗中说："忍受贫穷也有滋味，能够使诗歌进步，对待事情不要多想就会觉得负担很轻。"

陆游在诗中说："愤怒和欲念到了面前能够稍微忍住，人人心里就都会有美好的期盼。"

又说："能打一架虽然很舒心，但稍微忍让一下，就会增加自己的理智。"

金释迦牟尼佛

陆游又说:"稍微忍让一下就没事情了,尽力忍让才会取得成功。"

省心子说:"诚实就不会后悔,宽容就不会有怨气,和气就不会结仇,忍让就不会受侮辱。"

释迦牟尼当初在山里修行,当时国王率领人来打猎,问释迦牟尼哪个地方有野兽。如果如实相告,就害死了野兽;如不如实相告,又是说假话。正在思考如何回答,国王发了怒,砍掉了他的一支手臂。再问,仍在沉思,又砍掉了他的另一只手臂。释迦牟尼于是发下誓愿:"等我成佛以后,一定要先将这个人超度,不让天下的人仿效他做坏事。"他既然存有这种心思,怎么能不成佛呢?后来释迦出世成佛,最先超度的憍陈如,就是当时的国王。

【原文】

佛曰:"我得无诤三昧,最为人中第一。"又曰:"六度万行,忍为第一。"

《涅盘经》云:昔有一人,赞佛为大福德,相闻者,乃大怒,曰:"生才七日,母便命中,何者为大福德?"相赞者曰:"年志俱盛而不卒,暴打而不瞋,骂亦不报,非大福德相乎?"怒者心服。

《人趣经》云:"人为端正,颜色洁白,姿容第一,从忍辱中来。"

《朝天忏》曰:"为人富贵昌炽者,从忍辱中来。"

紫虚元君曰:"饶、饶、饶,万祸千灾一旦消,忍、忍、忍,债主冤家从此尽。"

赤松子诫曰:"忍则无辱。"

许真君曰:"忍难忍事,顺自强人。"

孙真人曰:"忍则百恶自灭,省则祸不及身。"

超然居士曰:"逆境当顺受。"

【译文】

释迦牟尼说:"我得到了'不争'的真髓,可以说是天下第一。"又说:"六种超度方式,各种行业中,忍让是第一。"

《涅盘经》记载:过去有一个人,称赞佛是大福德之人。听到这句话的人很愤怒,说:"佛的母亲生下佛,七天便去世了,还叫大福德吗?"赞佛的人回答说:"年龄与思想都是鼎盛的时候没有去世,挨人打了却不回骂,人家骂你也不报复，这难道不叫大福德吗？"愤怒的人心服了。

《人趣经》说："与人相处，品行端正；保持从容的姿态，这些都要从忍让中才能得到。"

《朝天忏》说："生活富贵，被人尊重的人，都是从忍受侮辱中得来的。"

紫虚元君说："饶恕、饶恕、饶恕，就算有千万灾祸也一个早晨就消失了，忍让、忍让、忍让，债主和冤家从此不再有。"

赤松子告诫说："忍让就没有耻辱。"

许真君说过："忍受难以容忍的事，顺从自强不息的人。"

孙真人说："忍耐能使灾祸自己消灭，反省自己祸事就会远离。"

超然居士说："人处在困境的时候，应当顺其自然地忍受。"

【原文】

谚曰："忍事敌灾星。"

谚曰："凡事得忍且忍，饶人不是痴汉，痴汉不会饶人。"

谚曰："得忍且忍，得戒且戒，主忍不戒，小事成大。"

谚曰："不哑不聋，不做大家翁。"

谚曰："刀疮易受，恶语难消。"

【译文】

谚语说："忍让可以对付灾难。"

谚语说："遇到该忍的事权且忍让一下，饶恕别人的人并不是傻瓜，傻瓜是不会饶恕别人的。"

谚语说："应当忍让的时候就要忍让，需要克制的时候就要克制。不忍让不克制，小的事情就变成大的事情。"

谚语说："不能装哑装聋的人，做不了大家庭的主人。"

谚语说："刀剑的创伤可以忍受，恶毒的话语叫人难以承受。"

【原文】

少陵诗曰："忍过事堪者。"此皆切于事理，为此大法，非空言也。

《莫争打》诗曰："时闲愤怒便引拳，招引官方在眼前，下狱戴枷遭责罚，更须枉费几文钱。"

《误触人脚》诗曰："触了行人脚后跟，告言得罪我当烹；此方引愿丘山重，彼却厚情羽发轻。"

《莫应对》诗曰："人来骂我逞无明，我若还他便斗争，听似不闻休应对，一支莲在火中生。"

杜牧之《题乌江庙诗》："胜负兵家不可期，包羞忍辱是男儿，江东子弟多豪俊，卷土重来未可知。"

《诫断指诗》曰："冤屈休断指，断了终身耻，忍耐一些时，过后思之喜。"

《何提刑戒争地诗》："他侵我界是无良，我与他争未是长。布施与他三尺地，休夸谁弱又谁强。"

【译文】

杜甫诗说："忍让一下事情就会过去了。"这很切合情理，是世间行事的规律，不是空谈。

《莫争打》诗说："闲暇时一愤怒就挥拳相向，立即招来了官方的人员，下狱戴枷锁还要遭打骂，更要花费一笔金钱。"

《误触人脚》诗说："碰了走路人的脚后跟，应当告诉他'得罪了'，并说我真该死。你这一方将罪过说得重如大山，他那一方对你的责怪就会轻如鸿毛。"

杜甫（712－770），字子美。自号少陵野老，杜少陵、杜工部等。我国古代伟大的现实主义诗人。

《莫应对》诗说："别人来骂我显得他不明白道理，我如果回骂必然会导致吵嘴打架。听到了却装没有听见而不回口，一朵吉祥的莲花由此生于烈火之中。"

杜牧的《题乌江庙》诗称："兵家打仗胜负难以预料，暂时蒙羞忍辱才是真正的男子汉。江东的子弟中有很多豪杰，卷土重来也说不定。"

《诫断指诗》称："受了冤屈千万不要斩断手指，手指断了一生都是耻辱，忍耐一段时间，事情过去以后就高兴了。"

《何提刑戒争地诗》称："别人侵占了我的地界不是好人，我如果与他争夺不是好办法。施舍给他三尺地盘，不要比较谁弱谁强。"

劝忍百箴

笑之忍第一

【原文】

乐然后笑，人乃不厌。笑不可测，腹中有剑。

虽一笑之至微，能召祸而遗患。齐妃笑跛而郤克师兴；赵妾笑躄而平原客散。

蔡谟结怨于王导，以犊车之轻诋；子仪屏去左右，防鬼貌之卢杞。

人世碌碌，谁无可鄙？冯道兔园策，师德田舍子。噫，可不忍欤！

【译文】

因为快乐然后欢笑，别人就不会讨厌他。卢杞的笑声神秘不可猜测，因为他心中有诡计阴谋。

即使是一笑这么小的事，也可能招来祸害而留下遗患。齐国妃子嘲笑郤克的腿跛而导致两国发生战争，平原君的爱妾嘲笑跛士而使平原君的宾客都离他而去。

蔡谟和王导所以结怨是因为以牛车为话题开了个小玩笑；郭子仪屏去左右妻妾，以防得罪相貌丑陋的卢杞。

人世间大多是碌碌庸人，谁没有令人讨厌的地方？冯道因《兔园册》贬了刘岳的官，娄师德并没有因为李昭德说他是庄稼汉而记恨在心。

王导（276－339）东晋开国大臣，著名政治家。司马睿在建康称帝，任丞相。

诏之忍第二

【原文】

上交不谄，知几其神。巧言令色，见（现）谓不仁。

孙弘曲学，长孺面折，萧诚软美，九龄谢绝。

郭霸尝元忠之便液，之问奉五郎之溺器，朝夕挽公主车之履温，都堂拂宰相须之丁谓。书之简册，千古有愧。噫，可不忍欤！

【译文】

和地位高的人交往不一味谄媚奉承，是懂得了交友的关键，花言巧语，察颜观色，只能被称为小人。

公孙弘没有正确理解学习的目的，汲黯当面指责皇帝的过失；萧诚和软善于美言，张九龄和他断绝交往。

郭弘霸品尝魏元忠的小便，宋之问捧着张易之的便壶，赵履温早晚为公主拉车，丁谓在都堂上为宰相寇准拂去胡须上的汤渍。都被记录在简册上，使得千古耻笑。唉，能不忍吗！

汲黯 （？—前112） 西汉濮阳（今河南濮阳）人，字长孺。武帝时任东海太守，主爵都尉，位列九卿。

淫之忍第三

【原文】

淫乱之事，易播恶声。能忍难忍，谥之曰贞。
路同女宿，至明不乱；邻女夜奔，执烛待旦。
宫女出赐，如在帝右。西阁十宵，拱立至晓。
下惠之介，鲁男之洁。日䃅彦回，臣子大节。百世之下，尚鉴风烈。噫，可不忍欤！

【译文】

淫乱的事情，容易给人带来坏的名声。能够忍耐常人难以忍耐的困难，最终把她追谥为贞。

柳下惠在路上和女人同宿一处，一直到天亮都不淫乱；邻家女子夜里投宿，颜叔子让她把着烛火直到天亮。

金日䃅对赐给他的宫女，一本正经得如同在皇帝身边一样；褚渊在西上阁上住了十个晚上，每晚肃立到天亮。

柳下惠的正直，鲁国男子的纯洁，金日䃅、褚渊作为臣子的高风亮节，百世以来，到今天还为人楷模。唉，能不忍吗！

侈之忍第四

【原文】

天赋于人,名位利禄,莫不有数。人受于天,服食器用,岂宜过度?乐极而悲来,祸来而福去。

居则歌童舞女,出则摩辖结驷。酒池肉林,淫窟屠肆。三辰龙章之服,不雨而雷之第。

行酒斩美人,锦障五十里,不闻百年之石氏;人乳为蒸豚,百婢捧食器,徒诧一时之武子。史传书之,非以为美;以警后人,戒此奢侈。

厮养,傅翼之虎;皂隶,人立之豕,僭拟王侯,薰炙天地。

鬼神害盈,奴辈利财。巢覆卵破,悔何及哉!噫,可不忍欤!

【译文】

天赋予个人的名位利禄都是有定数的。人们从上天接受的衣服、食物、器皿、用具,怎么能超过限度?乐极生悲,祸来福去。

在家呆着则有歌童舞女的娱乐,出门则有车马成群的威风。用酒作池,以肉为林,住所像淫窟,厨房像屠场。身上穿着有日月星三辰和龙的图案的华贵衣服,住着不下雨却安装了漏雨设施的宅第。

美人为客人劝酒没有成功,王恺就杀之。设置了五十里的锦障,石崇的奢侈使他亡身亡家。用人乳调味蒸猪,成百的婢子捧着食器,王济不过让人惊诧于一时。史传记录这些,并不是用以赞赏,而是用以警醒后人,戒除奢侈的恶习。

奴仆小人一旦得志,就好像插上翅膀的老虎,站立起来的野猪。僭越礼节好比王侯,权势直冲天地。

鬼神会降祸害给那些奢侈自满的人,奴仆见利忘义。有朝一日巢被打翻蛋也会被摔破,后悔就来不及了!唉,能不忍吗!

言之忍第五

【原文】

恂恂，便便，侃侃，訚訚；忠信笃敬，盍书诸绅；讷为君子，寡为吉人。

乱之所生也，则言语以为阶；口三五之门，祸由此来。

《书》有起羞之戒，《诗》有出言之悔，天有卷舌之星，人有缄口之铭。

白珪之玷尚可磨，斯言之玷不可为。齿颊一动，千驷莫追。噫，可不忍欤！

【译文】

谦恭谨慎，言辞明晰畅达、言语刚直，和悦而敢诤；忠诚、诚实、厚道、戒慎，为什么不把它们写在士大夫束衣的宽带上；出言迟缓的是君子，说话很少的是善人。

祸乱的发生是以言语作为阶梯的，口是三五之门，祸患就是从这里出来的。《书经》中有引人羞惭的诫诲，《诗经》中有说错话的悔恨，天上有卷舌星以辨识谎言，人间有铜铸人像背后闭口不说话的铭文。

白珪上有了缺损还可以再琢磨使它变得平整，言论上有了过失就没有办法补救。话一说出口，四千匹马也追不上。唉，能不忍吗！

食之忍第六

【原文】

饮食，人之大欲，未得饮食之正者，以饥渴之害于口腹。人能无以口腹之害为心害，则可以立身而远辱。

鼋羹染指，子公祸速；羊羹不遍，华元败衄。

觅炙不与，乞食目痴，刘毅未贵，罗友不羁。

　　舍尔灵龟，观我朵颐，饮食之人，则人贱之。噫，可不忍欤！

【译文】

　　饮食，是人们很重要的需要。不能体会饮食的正常味道的人是因为饥饿口渴伤害了口腹。人如果能做到不把口腹由饥渴而受的伤害当做对心灵的伤害，就可以树立己身而远离侮辱。

　　用手指蘸点甲鱼汤尝味，子公不久造成祸害；羊肉汤没有都分到，华元遭到惨败。

　　刘毅没有显贵之前，曾经向人求烤肉而没有得到；罗友有放任不羁的才能，却被人认为是讨饭吃的白痴。

　　你舍弃自己灵龟一般的静养，却观察我垂头吃饭的动作。只注重饮食的人就会被人看不起。唉，能不忍吗！

声之忍第七

【原文】

　　恶声不听，清矣伯夷；郑声之放，圣矣仲尼。

　　文侯不好古乐，而好郑卫；明皇不好奏琴，乃取羯鼓以解秽。虽二君之皆然，终贻笑于后世。

　　霓裳羽衣之舞，玉树后庭之曲，匪乐实悲，匪笑实哭。

　　身享富贵，无所用心；买妓教歌，日费万金；妖曲未终，死期已临。噫，可不忍欤！

【译文】

　　不听邪恶不正的音乐，伯夷堪称清高的人；禁绝郑国的淫乐，仲尼堪称是圣人。

　　魏文侯不爱好古代的雅乐，而爱好郑卫的民风；唐明皇不爱好听弹琴，而用羯鼓来解闷。两位君主都是这样，终不免被后世人讥笑。

　　像《霓裳羽衣舞》这样的舞蹈，《玉树后庭花》这样的曲子，给人带来的不是快乐而是悲伤，不是欢笑而是哭泣。

享受着富贵荣华的生活，什么事都不用操心；买来妓女教她们歌舞，每天花费掉万金。动听的歌曲尚没有结束，而死期已经到来。唉，能不忍吗！

乐之忍第八

【原文】

音聋色盲，驰骋发狂，老氏预防。

朝歌夜弦，三十六年，嬴氏无传。

金谷欢娱，宠专绿珠，石崇被诛。

人生几何，年不满百；天地逆旅，光阴过客；若不自觉，恣情取乐；乐极悲来，秋风木落。噫，可不忍欤！

【译文】

五音会使人耳朵变聋，五色会使人眼睛变瞎，驰骋打猎会让人发狂，这是老子告诫人的话。

白天歌舞，晚上奏乐，秦王朝只过了三十六年便断代了，嬴姓也绝后了。

石崇在金谷园中纵情欢笑娱乐，宠爱绿珠，最终被诛杀。

人的生命能有多长，才不足百年时光；天地只是暂时的旅所，光阴只是匆匆的过客；如果不自我警醒而恣意享乐；乐极生悲，如同秋风吹落的叶子。唉，能不忍吗！

酒之忍第九

【原文】

禹恶旨酒，仪狄见疏。周诰刚制，群饮必诛。

窟室夜饮，杀郑大夫。勿夸鲸吸，甘为酒徒。

布烂覆瓿，箴规凛然；糟肉堪久，狂夫之言。

司马受阳谷之爱，适以为害；灌夫骂田蚡之坐，自贻其祸。噫，可不忍欤！

【译文】

　　大禹讨厌美酒，因此疏远了仪狄。周朝有严格的诰制，聚众喝酒的人必然要被杀头。

　　郑大夫由于夜里在酒室里长时间狂饮而被杀。不要自我夸耀酒量大，甘当酒徒。

　　覆盖在坛子上的布都烂了，这种规劝是很威严的；用糟腌制的肉可以长久保存，此乃狂人的言论。

　　司马子反接受了仆人的酒，以之解渴，其结果爱护变成了害人；灌夫借酒骂田蚡于座席上，结果自己给自己找来祸害。唉，能不忍吗！

色之忍第十

【原文】

　　桀之亡，以妹喜；幽之灭，以褒姒。

　　晋之乱，以骊姬；吴之祸，以西施。

　　汉成溺，以飞燕，披香有"祸水"之讥。

　　唐祚中绝于昭仪，天宝召寇于贵妃。

　　陈侯宣淫于夏氏之室，宋督目逆于孔父之妻。败国亡家之事，常与女色以相随。

　　伐性斤斧，皓齿蛾眉；毒药猛兽，越女齐姬。枚生此言，可为世师。噫，可不忍欤！

【译文】

　　夏桀的失败灭亡，是由于妹喜；周幽王的国灭身亡，是由于褒姒。

　　晋国的祸乱，是因为骊姬；吴国的灭亡，是由于西施。

　　汉成帝过于溺爱赵飞燕，披香殿里才传有"祸水"的讥讽。

　　唐朝帝运中断是由于武则天，天宝年间招来安禄山叛乱是因为杨太真。

　　陈灵公在夏姬家中公然淫乱而导致被杀，宋太宰华父督目送孔父嘉的妻子，而产生灾难。亡国败家的事，通常都是随着迷恋女色而来的。

夏　禹

杀伐性命的斧子是有着白齿蛾眉的美女；危害人的毒药猛兽是越、齐等地的美女。枚乘的这句话，可以充当世人的师训。唉，能不忍吗！

贪之忍第十一

【原文】

贪财曰饕，贪食曰餮。舜去四凶，此居其一。
纭如打五鼓，谢令推不去。如此政声，实蕃众怒。
鱼弘作郡，号为四尽。重霸对棋，觅金三锭。
陈留章武，伤腰折股。贪人败类，秽我明主。
口称夷齐，心怀盗跖。产随官进，财与位积。游道
闻魏人之劾，宁不有觍于面目？噫，可不忍欤！"

【译文】

贪财称做饕，贪吃叫做餮。舜除去四凶，饕餮即是其中之一。

传来报时的五更鼓声，谢县令推也推不走，如此的做官声誉，的确让百姓感动。

鱼弘担任了郡守，号称四尽。安重霸下棋，是为了索取三锭贿金。

陈留的李崇，章武的王融，为贪图钱财而伤了腰折了脚。这些贪财的败类，污辱了我们圣明的国君。

嘴里说着好比夷齐一样清廉，心里却像盗跖一样贪婪。家产随升官而加多，财富随地位升高而不断聚集。宋游道听到这些人的弹劾，难道不惭愧吗？唉，能不忍吗！

叔齐　名致，字公达，谥齐，后人称之为叔齐。后耻食周粟，饿死首阳山。

气之忍第十二

【原文】

燥万物者，莫熯乎火；挠万物者，莫疾乎风。风与火值，扇炎起凶。

气动其心，亦蹶亦趋，为风为大，如鞴鼓炉。养之则为君子，暴之则为匹夫。

一朝之忿，忘其身以及其亲，非惑欤？噫，可不忍欤！

【译文】

能使万物干燥的，没有比火更热的东西；能折弯万物的，没有比风更迅疾的了。风和火共同作用，风扇动火焰引起不幸。

气触动人心，可能使人摔倒也可能使人快步走，以气为大风，就如同用皮囊向火炉鼓风一样。善养气就能成为君子，损伤正气的则是匹夫之辈。

一时发怒，忘记了自己以及亲人，难道这不是迷乱吗？唉，能不忍吗！

权之忍第十三

【原文】

子孺避权，明哲保身；杨李弄权，误国殃民。

盖权之于物，利于君，不利于臣；利于分，不利于专。

惟彼愚人，招权入己，炙手可热，其门如市，生杀予夺，目指气使，万夫胁息，不敢仰视。

苍头庐儿，虎而加翅，一朝祸发，迅雷不及掩耳。

李斯之黄犬谁牵，霍氏之赤族奚避？噫，可不忍欤！

【译文】

张良避让权位，是明白事理懂得保全自己身家性命的人；杨国忠、李林甫玩弄权柄，结果导致祸国殃民。

有关国家大事的权，有利于君主，不利于臣子；有利于分散，不利于集中。

唯独那些愚蠢的人，才给自己收揽很大的权势。当其显贵时，他的门前车水马龙如同闹市，拥有生杀赏罚的权力，用目光和脸色指使别人，众人见他就屏住呼吸，不敢抬头看他。

苍头庐儿这样的小人，一旦得势就如同老虎加上

霍光　字子孟，汉武帝时期的重要谋臣。汉武帝死后，受命为汉昭帝的辅政大臣。

了翅膀，有朝一日祸事发生，就好像迅雷作响而来不及掩住自己耳朵。李斯的黄犬还能再牵？霍光的族诛有谁能逃脱？唉，能不忍吗？

势之忍第十四

【原文】

迅风驾舟，千里不息；纵帆不收，载胥及溺。

夫人之得势也，天可梯而上；及其失势也，一落地千丈。朝荣夕悴，变在反掌。炎炎者灭，隆隆者绝。观雷观火，为盈为实，天收其声，地藏其热。高明之家，鬼瞰其室。噫，可不忍欤！

【译文】

顺着大风驾船，行驶千里也不会停止；然而如果升起帆不收起来，就会连人带船都沉没。

人一旦有了势力，就是上天也有梯子能够爬上去；等到他失去权势时，就一落千丈一直到底。早晨开花傍晚就凋谢了，变化只在反掌之间。熊熊的大火会熄灭，轰隆的雷声也会平息。看雷和火，都有盈盛的时候。然而天会收去雷声，地会藏去火热。高官贵人之家，却有神鬼在窥视他的内屋。唉，能不忍吗！

骄之忍第十五

【原文】

金玉满堂，莫之能守。富贵而骄，自遗其咎。

诸侯骄人则失其国，大夫骄人则失其家，魏侯受田子方之教，不敢以富贵而自大。

盖恶终之衅，兆于骄夸；死亡之期，定于骄奢。先哲之言，如不听何！

昔贾思伯倾身礼士，客怪其谦。答以四字，衰至便骄。斯言有味。噫，可不忍欤！

【译文】

虽金玉满堂,却没有人能保持得住。富贵而骄纵,是自己给自己种下的恶果。

诸侯如果对人骄横就会失去他的国家,大夫对人骄傲就会丧失他的领邑。魏文侯接受田子方的教诲,不敢因为富贵而自高自大。

坏结果以骄傲为先兆,死亡的日子以骄傲奢侈的出现而确定。先哲的话,如果不听,将会怎样!

以前贾思伯以真诚之心礼贤下士,客人不解他这样谦虚的原因,回答四个字:衰至便骄。这句话意味深长。唉,能不忍吗!

矜之忍第十六

【原文】

舜之命禹,汝惟不矜。说告高宗,戒以矜能。圣君贤相,以此相规。人有寸善,矜则失之。

问德政而对以偶然之语,问治状而答以王生之言。三帅论功,皆曰:臣何力之有焉。为臣若此,后世称贤。

文欲使屈宗衙官,字欲使羲之北面,若杜审言,名为虚诞。噫,可不忍欤!

【译文】

舜告诫禹说,你应当温文尔雅而不自夸。傅说劝告高宗,要警戒不要炫耀自己的才能。圣明的君主和贤良的大臣,用这些话互相规劝。人有小的优点,如果要自我夸耀就会丧失掉。

皇帝询问刘昆施行了怎样的德政,使得刘昆能做到叩头灭火,虎载着其子过河,回答是偶然现象;皇帝问龚遂治状,回答是王生的教诲。三帅在评定功劳时都说自己没有什么功劳。像这样的臣子,后世人称他们为贤能之人。

在文章水平上让屈原、宋玉做自己的衙役,在书法上让王羲之面北拜服,杜审言的话真是狂妄自大。唉,能不忍吗!

傅说　商王武丁的大臣。因在傅岩(今山西平陆东)地方从事版筑,被武丁起用,故以傅为姓。

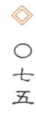

贵之忍第十七

【原文】

贵为王爵,权出于天;洪范五福,贵独不言。

朝为公卿,暮为匹夫。横金曳紫,志满气粗;下狱投荒,布褐不如。

盖贵贱常相对待,祸福视谦与盈。鼎之覆悚,以德薄而任重;解之致寇,实自招于负乘。

讼之鞶带,不终朝而三褫;孚之翰音,凶于天之躐登。静言思之,如覆薄冰。噫,可不忍欤!

【译文】

王爵最高贵,这种权利是天子给的;《尚书·洪范》里说的"五福"唯独没有"贵"。

清晨担任公卿,晚上就沦为平民。腰缠万贯,紫衣显贵,志满气粗;一旦有了过错,投入监狱,流放蛮荒,连布衣平民都比不上。

贵与贱经常是相互依赖的,祸与福的出现全看是谦逊还是傲慢。打翻了鼎中的食物,德行不够而负任重大;就会招来强盗,就好像背负东西的人却要乘坐君子之车。

因通过争斗而得到王侯赐的服饰,还不到一天就被夺去了三次;相信鸡可登天,凶象。静静地想一想,就好像踩在薄冰上一样。唉,能不忍吗!

贱之忍第十八

【原文】

人生贵贱,各有赋分;君子处之,遁世无闷。

龙陷泥沙,花落粪溷;得时则达,失时则困。

步骘甘受征羌席地之遇,宗悫岂较乡豪粗食之羞。

买臣负薪而不耻,王猛鬻畚而无求。

苟充诎而陨获，数子奚望于公侯。噫，可不忍欤！

【译文】

人生的富贵与贫贱，各有自己的定数；君子处于这种环境之中，避世却不感到烦闷。

龙陷在泥沙中，花落在粪池里；人有了时运就发达，失去了时运就会困顿。

步骘甘愿接受征羌为他设地席的待遇，宗悫怎么会计较乡里豪强给予他粗粝食物的羞辱。

朱买臣背着柴火而不以此为耻辱，王猛卖畚箕为生而不追求名利。

如果人在富贵时不骄傲并不失去节制，在贫贱时不丧失坚定志向，步骘、宗悫等人什么时候对公侯有仰慕之心呢？唉，能不忍吗！

王猛鬻畚

贫之忍第十九

【原文】

无财为贫，原宪非病；鬼笑伯龙，贫穷有命。
造物之心，以贫试士；贫而能安，斯为君子。
民无恒产，因无恒心，不以其道得之，速奇祸于千金。噫，可不忍欤！

【译文】

没有钱叫做贫，原宪有学问而不能施行称为病；龙伯小时候很贫穷，想经商，竟被鬼耻笑。

造物主的目的，是用贫穷来检验士人的品性；贫穷又能安贫乐道，这样的人就是君子。

普通百姓没有稳定的产业，就不会有稳定的民心，不是通过正道得来的千两黄金很快就会招来大祸。唉，能不忍吗！

富之忍第二十

【原文】

　　富而好礼，孔子所诲；为富不仁，孟子所戒。盖仁足以长福而消祸，礼足以守成而防败。

　　怙富而好凌人，子羽已窥于子晳；富而不骄者鲜，史鱼深警于公叔。

　　庆封之富非赏实殃，晏子之富如帛有幅。

　　去其骄，绝其吝，惩其忿，窒其欲，庶几保九畴之福。噫，可不忍欤！

【译文】

　　富有而坚定地喜好礼义，是孔子的教诲；一心只贪求利，就不可能为他人着想，使别人受益，这是孟子的告诫。行仁义可以延长福运而消除灾祸，守礼义可以保持住已有的基业而防止失败。

　　依恃着富有而专门欺凌别人，子羽已暗中预见了子晳的下场；富贵而不骄纵的人非常少，史鱼因此对公叔提出了严重的警劝。

　　庆封的富有不是上天的恩赐而是祸殃；晏子的富有就像布帛一样有一定的限度。

　　去掉骄气，根绝吝啬，控制怒气，克制自己的欲望，基本就能保全九畴这样的福分。唉，能不忍吗！

宠之忍第二十一

【原文】

　　婴儿之病伤于饱，贵人之祸伤于宠。

　　龙阳君之泣鱼，黄头郎之入梦。

　　董贤令色，割袖承恩，珍御贡献，尽入其门。尧禅未遂，要领已分。

　　国忠娣妹，极贵绝伦；少陵一诗，画图丽人；渔阳兵起，血污游魂。

　　富贵不与骄奢期，而骄奢至；骄奢不与死亡期，而死亡至。思魏牟之谏，穰侯可股栗而心悸。噫，可不忍欤！

【译文】

　　婴儿得病是因为吃得太饱所致，贵人的祸患是由于受到宠幸的缘故。

　　龙阳君钓鱼而哭泣，黄头郎进了汉文帝的梦乡。

　　董贤生得漂亮，得到了皇帝割袖的恩宠，全国各地贡献的珍宝，全进了董家的门。哀帝想让位给他没有做成，他的头和肩就已经分离了。

　　杨国忠的两个姐妹受到宠幸，显贵没有谁能与之相比；杜甫所写的一首诗，是给杨氏姐妹画的像；等到安禄山渔阳起兵反叛，杨氏姐妹就成了孤魂野鬼。

　　富贵并没有和骄奢订立约期，然而骄奢会来；骄奢也不曾和死亡订立约期，然而死亡也会自动到来。想想魏牟的诤言，穰侯会感到两腿颤抖，内心悸动。唉，能不忍吗！

杨玉环

辱之忍第二十二

【原文】

　　能忍辱者，必能立天下之事。圯桥匍匐取履，而子房韫帝师之智；市人笑出胯下，而韩信负侯王之器。

　　死灰之溺，安国何羞；厕中之箦，终为应侯。盖辱为伐病之毒药，不瞑眩而曷瘳。

　　故为人结袜者为廷尉，唾面自干者居相位。噫，可不忍欤！

【译文】

　　能忍受侮辱的人，必定能成就大事。张良在圯桥为老者爬着捡鞋子而拥有给帝王做军师的智谋。韩信甘愿受胯下之辱，遭到市人嘲笑，然而却有王侯的气度。

　　被人视为一堆死灰还要继续浇上水以防复燃，韩安国受到多么大的羞辱；被厕所里的席子裹着，范雎最终却被封为应侯。侮辱是治病的毒药，试想如果不让病人昏迷又怎能治好病呢？

　　所以那种给人系上袜子的人却当了廷尉，别人吐唾沫在脸上不去擦，让唾沫自己干的人却官居丞相。唉，能不忍吗！

争之忍第二十三

【原文】

　　争权于朝，争利于市，争而不已，瞥不畏死。

　　财能利人，亦能害人。人曷不悟，至于丧身？权可以宠，亦可以辱，人胡不思，为世大僇？

　　达人远见，不与物争。视利犹粪土之污，视权犹鸿毛之轻。污则欲避，轻则易弃。避则无憾于人，弃则无累于己。噫，可不忍欤！

【译文】

　　在朝廷上争夺权势，在市场上互相争夺利益，争得无休无止，强悍不惧怕生死。

　　财富既能给人好处，也能祸害于人，人为什么不省悟呢，最终为财丧命？权可以使人受宠，也可以使人受辱，人为什么不认真思考呢，以至于被杀害？

　　性情豁达的人有远见，不争名夺利，视名利如粪土。认为腌臜，就会避开它，轻视它就容易摒弃它，而摒弃了名利就对自己没有了累赘。唉，能不忍吗！

失之忍第二十四

【原文】

　　自古达人，何心得失？子文三已，下惠三黜，二子泰然，曾无愠色。

　　银杯羽化，米斛雀耗，二子淡然，付之一笑。

　　盖有得有失者，物之常理。患得患失者，目之为鄙。塞翁失马，祸兮福倚。得丧荣辱，奚足介意。噫，可不忍欤！

【译文】

　　自古心胸豁达的人，哪里会计较什么得失。子文三次被免去官职，柳下惠三次被罢黜，两人都泰然自若，根本没有什么怨言。

　　银杯羽化成仙，米粮被鼠雀吃掉，柳公权、张率对奴仆的谎言处之淡然，付之一笑。

　　有得有失，是事物的一般道理。患得患失的人，被人鄙视。塞翁失马，是福倚靠在祸事上。得失荣辱，没必要挂意。唉，能不忍吗！

柳公权　（778—865），书法家。字诚悬，唐朝京兆华原人。

生之忍第二十五

【原文】

　　所欲有甚于生，宁舍生而取义。

　　故陈容不愿与袁绍同日生，而愿与臧洪同日死。元显和不愿生为叛臣而愿死为忠鬼。天下后世，称为烈士。读史至此，凛然生风。

　　苏武生还于大汉，李陵生没于沙漠，均之为生，而不得并祀于麟阁。噫，可不忍欤！

【译文】

志向中如果有比生命更重要的，宁愿舍弃生命而取义。

所以陈容不愿意和袁绍同日生，而愿意和臧洪同日死。元显和不愿作为一个叛臣活着，而愿意去死成为忠魂。天下的人，后世的人，都尊称他们为烈士。读史到这里，就能感受他们的凛然正气。

苏武不失节操，生还长安，李陵变节投敌，客死沙漠，同样是活着，而不能被一起祭祀在麒麟阁。唉，能不忍吗！

死之忍第二十六

【原文】

人谁不欲生？罔之生也，幸而免；自古皆有死，死得其所，道之善。

岩墙桎梏，皆非正命；体受归全，易篑得正。

召忽死纠，管仲不死，三衅三浴，民受其赐。

陈蔡之厄，回何敢死！仲由死卫，未安于义。

百金之子不骑衡，千金之子不垂堂，非恶死而然也。

盖亦戒乎轻生。噫，可不忍欤！

【译文】

人谁不希望活着？在虚妄中活着，只能说是侥幸免于死；自古到今人人都难免一死，死得其所，是符合善道的。

被危墙压死，受刑罚而死，都不是正道的死法；身体受之于父母，应该完整地归还，曾子临死之前挣扎着换下了季孙送给他的席子，认为这样死去才合乎道义。

召忽跟随公子纠而死，而管仲没有跟随公子纠一起去死。齐桓公三次洗浴三次熏香去请管仲，担任宰相，助齐恒公臣正天下，为民谋利。

在孔子被围困在陈蔡时，颜回岂敢轻易就死。仲由因参加宫廷斗争死在卫国，孔子认为他死得没有价值。

百金之子不骑在栏杆上，千金之子不应该坐堂边，不是怕死而这样做，是告诫不要随意行动。唉，能不忍吗！

管仲　名夷吾，字仲，春秋时期齐国著名的政治家，颍上（今安徽颍上）人。齐国丞相，被称为"春秋第一相"。

安之忍第二十七

【原文】

宴安鸩毒，古人深戒；死于逸乐，又何足怪。

饱食无所用心，则宁免博弈之尤；逸居而无教，则又近于禽兽之忧。

故玄德涕流髀肉，知终老于斗蜀；士行日运百甓，习壮图之筋力。

盖太极动而生阳，人身以动为主。户枢不蠹，流水不腐。噫，可不忍欤！

【译文】

贪图安逸享乐等于是喝下很毒的鸩酒，这是古人深刻诚挚的诫言；由于安逸享乐导致的死亡，又有什么不可思议的呢。

吃饱了饭，什么事也不做了，还不如鼓励他去下棋游戏；安逸地生活却不接受教育，这就接近于禽兽，让人担忧啊。

因此刘备为腿上长了肥肉而流泪，是因为知道自己已经终老了，但功业还未建成，为此感到悲哀；陶侃每天搬运一百个坛子，目的是为了锻炼能实现崇高志向所需的筋力。

太极运动而生阳气，人的身体是以运动为根本的。时常转动的门轴不会生虫，流动的水不会腐臭。唉，能不忍吗！

危之忍第二十八

【原文】

围棋制淝水之胜，单骑入回纥之军。此宰相之雅量，非元帅之轻身。盖安危未定，胜负未决，帐中仓皇，则麾下气慑，正所以观将相之事业。

浮海遇风，色不变于张融；乱兵掠射，容不动于庾公。盖鲸涛澎湃，舟楫寄家；白刃蜂舞，节制谁从；正所以试天下之英雄。噫，可不忍欤！

【译文】

在淝水之战取得胜利时谢安正和人下围棋，这乃是宰相所具备的恢宏气度，独自骑马进入回纥的军营，不表明郭子仪元帅对自己的生命不重视。在安全危险并没有确定、胜负并未决出时，主帅如果惊慌失措，那么手下的士兵必然会气馁。正是从这里看出将相的功绩来。

船在海上航行遇到大风浪，张融仍面不改色；混乱之中的逃兵相互掠夺射击，庾亮对此毫不动容。巨涛澎湃，寄居船上，锋刃像蜜蜂一样多，没有谁可以控制；这正是考验天下英雄的时候。唉，能不忍吗！

谢安（320—385），东晋宰相。字安石，陈郡阳夏（今河南太康）人。

忠之忍第二十九

【原文】

事君尽忠，人臣大节；苟利社稷，死生为夺。杲卿之骂禄山，痛不知于断舌；张巡之守睢阳，烹不怜于爱妾。

养子环刃而侮骂，真卿誓死于希烈，忠肝义胆，千古不灭。在地则为河岳，在天则为日月。

高爵重禄，世受国恩。一朝难做，卖国图身；何面目以对天地，终受罚于鬼神。昭昭信史，书曰叛臣。噫，可不忍欤！

【译文】

侍奉君主竭尽忠心是为人臣子的至大气节；如果有利于国家，就是出生入死都不当回事。颜杲卿痛骂安禄山，连舌头被割断了也不觉得痛；张巡守卫睢阳，弹尽粮绝之际，不惜把爱妾煮给士兵吃。

李希烈的养子们举着刀围着辱骂，而颜真卿不为所动，誓死不从李希烈，他的忠心与气节千古永存，在地上化为河岳，在天上化作日月。

享受着高官厚禄，世代受到国君的恩典。有朝一日灾祸发生，为了自身荣华而卖身投靠；这种人以何颜面对天地，最终会受到鬼神的惩罚。在昭昭可见的真实历史上写上叛臣的名号。唉，能不忍吗！

孝之忍第三十

【原文】

父母之恩，与天地等；人子事亲，存乎孝敬。怡声下气，昏定晨省。

难莫难于舜之为子，焚廪掩井，欲置之死，耕于历山，号泣而已。

冤莫冤于申生伯奇。父信母谗，命不敢违。祭胡为而地坟，蜂胡为而在衣？

盖事难事之父母，方见人子之纯孝；爱恶不当疑，曲直何敢较？

为子不孝，厥罪非轻；国有刀锯，天有雷霆。噫，可不忍欤！

【译文】

父母对子女的恩德就如天地一样宽广，子女们侍奉父母必须怀着孝敬之心。对待父母要用平和、愉快的声音，说话要轻声细语，每天早晨要请安，黄昏时要问好。

做人儿女没有比舜更困难的，父亲用火烧仓库，填平水井，目的都是想把舜害死，而舜在历山耕种，只是哭号罢了。

受冤屈的没有比得过申生、伯奇这两个人的，父亲听信了后母的谗言，而父亲的命令他们又不敢违抗。晋献公祭地为何地上隆起小块？毒蜂为什么会在衣服上？

侍奉那些很难侍奉的父母，才能表现出为人子女的纯洁的孝心；父母的爱恨不当，做子女的心中有疑问又岂敢计较？

为人子而没有孝心孝行，这种罪责不轻；国家有刀锯般的刑罚，上天有雷霆的震慑。唉，能不忍吗！

仁之忍第三十一

【原文】

　　仁者如射，不怨胜己；横逆待我，自反而已。
　　夫子不切齿于桓魋之害，孟子不芥蒂于臧仓之毁。人欲万端，难灭天理。
　　彼以其暴，我以吾仁；齿刚易毁，舌柔独存。
　　强恕而行，求仁莫近；克己为仁，请服斯训。噫，可不忍欤！

【译文】

　　有仁德的人就好比射箭，有超过自己的人也不怨恨；别人用暴虐的态度对待我，我不过做一下自我反省而已。
　　孔子不怨恨桓魋对他的伤害，孟子不计较臧仓对他的诋毁。尽管人的情欲很多，但天理还是无法埋没的。
　　别人放任他的暴虐，我只管用我的仁德；牙齿钢硬却容易毁坏，舌头柔软却独独能保存下来。
　　尽力去做宽恕他人的事，在达到仁的境界的方法上没有比这更近的了；能够克制自己做到仁慈，请认真践行这条训诫。唉，能不忍吗！

孟子　（约前372—前289），名轲，字子舆。中国古代战国时期的思想家、教育家。

义之忍第三十二

【原文】

　　义者，宜也。以之制事，义所当为，虽死不避；义所当诛，虽亲不庇；义所当举，虽仇不弃。
　　李笃忘家以救张俭，祈奚忘怨而进解狐。
　　吕蒙不以乡人干令而不戮，孔明不以爱客败绩而不诛。

叔向数叔鱼之恶，实遗直也；石碏行石厚之戮，其灭亲手？

当断不断，是为懦夫。勿行不义，勿杀不辜。噫，可不忍欤！

【译文】

义，就是适当。把它当作做事的准则，只要从义出发做应该做的事，就是死也不避让；根据义应当诛杀的，就是亲人也不庇护；按照义应当举荐的，即使是仇人也不抛弃。

李笃不以身家性命为念而救助张俭，祁奚抛掉个人恩怨而进荐解狐。

吕蒙不因为是同乡犯了军令而不杀他头，孔明不因为是自己喜爱的人打了败仗而不杀掉他。

叔向斥责叔鱼的罪恶，实在是古代所遗留的正直的人；石碏杀了儿子石厚，应该算是大义灭亲吧？

该下决心的时候不下决心，这是懦夫的行为。不要做不合道义的事，不要杀害没有罪的人。唉，能不忍吗！

吕蒙（178—219），字子明，汝南富陂（今安徽阜南）人，三国时期吴国著名军事家。受孙权之劝，多读史书、兵书，学识英博。

礼之忍第三十三

【原文】

天理之节文，人心之检制。出门如见大宾，使民如承大祭。当以敬为主，非一朝之可废。

钮麂屈于宣子之恭敬，汉兵弭于鲁城之守礼。

郭泰识茅容于避雨之时，晋臣知冀缺于耕馌之际。

季路结缨于垂死，曾子易箦于将毙。噫，可不忍欤！

【译文】

天理的节制规范在于人心的制约束缚。出门就好像要去拜见贵宾，治理民众就好像参加重大祭礼。应当以恭敬为主，任何时候都不能废弛。

钮麂被宣子的恭敬所折服，汉军由于鲁城守礼而停止进攻。

郭泰在避雨时结识茅容，晋臣臼季在耕田吃饭时发现了冀缺。

季路在将要死的时候还要系好帽带,曾子在将要离开人世时还要换掉不合乎礼仪的席子。唉,能不忍吗!

信之忍第三十四

【原文】

自古皆有死,民无信不立。尾生以死信而得名,解扬以承信而释劫。

范张不爽约于鸡黍,魏侯不失信于田猎。

世有薄俗,口是心非。颊舌自动,肝膈不知;取怨之道,种祸之基。诳楚六里,勿效张仪;朝济夕版,曲在晋师。噫,可不忍欤!

【译文】

自古人人都难免一死,人如果不讲信用就没有办法立足于社会。尾生因为以死守信而获得名声,解扬因履行信用而被释放回国。

范式、张劭没有忘却欢饮的约定,魏侯不失信于和虞人的田猎约定。

社会上有一种浅薄的习俗,就是口是心非,信口开河,心里一点不当回事;这是招取怨恨的方法,也是种下祸患的根苗。不要模仿张仪,欺骗楚国,把六百里说成六里;晋惠公早晨刚渡河回国,晚上就在那里筑城防御,是晋国做得不对。唉,能不忍吗!

智之忍第三十五

【原文】

樗里晁错俱称智囊,一以滑稽而全,一以直义而亡。

盖人之不可无智,用之过,则怨集而祸至,故宁俞之智,仲尼称美;智不如葵,鲍庄断趾。

士会以三掩人于朝,而杖其子;闻一知十之颜回,隐于如愚而不试。噫,可不忍欤!

【译文】

樗里子、晁错都被称为"智囊",前者善于用滑稽的行为掩盖自己的智慧,因此保全了性命并得到善终,后者由于性情耿直,敢说敢为而被杀。

人不能没有智谋,但使用得太多了就怨恨积多而祸害就会到来。所以宁俞的智慧得到了孔子的赞美;孔子又认为鲍庄被设计陷害被砍断了脚,他的智谋还不如葵花。

士会因为自己儿子仅凭着知道一点东西就在朝廷上炫耀自己而杖打他;颜回有听一知十的智慧,但他从来不显现和使用这份智慧。唉,能不忍吗!

勇之忍第三十六

【原文】

暴虎冯河,圣门不许;临事而惧,夫子所与。

黝之与舍,二子养勇,不如孟子,其心不动。

故君子有勇而无义,为乱;小人有勇而无义,为盗;

圣人格言,百世诏诰,噫,可不忍欤!

【译文】

不用武器而徒手去打老虎,不用坐船而涉水过河,孔子不赞同这种有勇无谋的做法;遇事谨慎戒惧,不轻举妄动才是孔子所赞同的做法。

北宫黝和孟施舍两人培养自己的勇气,不如孟子,孟子的心志能够坚韧不动摇。

所以君子单有勇气而不讲道义,就会为非作乱;小人有勇气没有道义,就会沦为盗贼;圣人的格言,应成为后世百代的座右铭。唉,能不忍吗!

喜之忍第三十七

【原文】

喜于问一得三,子禽见录于鲁论;喜于乘桴浮海,子路见诮于孔门。

三仕无喜，长者子文；沾沾自喜，为窦王孙。

　　捷至而喜，窥安石公辅之器；棒檄而喜，知毛义养亲之志。

　　故量有浅深，气有盈缩；易浅易盈，小人之腹。噫，可不忍欤！

【译文】

　　陈子禽很高兴提出一个问题而获得了三个答案，他的这件事被记载到《论语》上；子路为孔子乘桴浮于海的托辞而欣喜，因此受到孔子的讥诮。

　　子文三次做高官而没有沾沾自喜；沾沾自喜的人是窦王孙。

　　捷报传来谢安虽内心欢喜却不动声色，的确有公辅的器量；毛义因接到官府的委任状时而高兴，可见毛义奉养母亲的心意。

东山报捷图

　　所以器量有深有浅，志气有大有小。器量小而容易满足，那是小人的内心。唉，能不忍吗！

怒之忍第三十八

【原文】

　　怒为东方之情而行阴贼之气，裂人心之大和，激事物之乖异，若火焰之不扑，斯燎原之可畏。

　　大则为兵为刑，小则以斗以争。太宗不能忍于蕴古、祖尚之戮，高祖乃能忍于假王之请、桀纣之称。

　　吕氏几不忍于嫚书之骂，调樊哙十万之横行。

　　故上怒而残下，下怒而犯上。怒于国则干戈日侵，怒于家则长幼道丧。

　　所以圣人有忿思难之诚，靖节有徒自伤之劝。惟逆来而顺受，满天下而无怨。噫，可不忍欤！

【译文】

　　怒气属于东方的性情并且会产生阴险之气，它破坏人心中的和谐，激起事物的乖戾变异，就好像火焰不被扑灭，有着燎原扩大的可怕后果一样。

　　大的怒气导致战争和刑杀，小的怒气导致殴斗和争吵。唐太宗没有能忍住怒火而杀了张蕴古、卢祖尚，汉高祖却能忍受韩信的假王请求和萧何称他为桀纣这样的指责。

　　吕后险些不能忍受冒顿单于的书信辱骂，而调动樊哙率十万兵马去征讨匈奴。

　　所以在上位的人发怒就残害下面的人，下面的人发怒就会冒犯上级。国家间的争怒就会导致战争连绵，家庭内不和就会导致长幼道德沦丧。

　　所以孔子发出"愤怒时当思患难"的告诫，陶潜有"自己白白伤悲"的规劝。只有逆来顺受，才能行满天下而不会受到怨恨。唉，能不忍吗！

唐太宗（599—649），即李世民。中国历史上伟大的军事家、政治家。

好之忍第三十九

【原文】

　　楚好细腰，宫人饿死。吴好剑客，民多疮痍。

　　好酒、好财、好琴、好笛、好马、好鹅、好锻、好屐，凡此众好，各有一失。人惟好学，于己有益。

　　有失不戒，有益不劝，玩物丧志，人之通患，噫，可不忍欤！

【译文】

　　楚王喜欢细腰之人，宫中女子多有饿死。吴王喜欢招致剑客，百姓多有创伤。

　　好酒好财，好琴好笛，好马好鹅，好锻好屐，这么多的爱好各自都有自己的不当之处，人只有好学才对自己有益。

　　心中明白嗜好会给自己带来过失，却不戒除掉；对自己有益的东西，却不去努力学习，玩物丧志，这是人类的通病。唉，能不忍吗！

恶之忍第四十

【原文】

　　凡能恶人，必为仁者。恶出于私，人将仇我。
　　孟孙恶我，乃真药石。不以为怨，而以为德。
　　南夷之窜，李平廖立；陨星讣闻，二子涕泣。
　　爱其人者，爱其屋上乌；憎其人者，憎其储胥。
　　鹰化为鸠，犹憎其眼；疾之已甚，害几不免。
　　仲弓之吊张让，林宗之慰左原，致恶人之感德，能灭祸于他年。噫，可不忍欤！

【译文】

　　能由于公理厌恶他人，一定是有仁心的人。从一己私心出发厌恶他人的，就将是我的仇人。
　　孟孙讨厌臧孙，却是治病的真药，臧孙非但不把它当作怨恨，而且以它为恩德。
　　李平、廖立被孔明流放南夷，然而当星陨诸葛亮死的消息传来，两人都痛哭流涕。
　　喜爱一个人，会连带着喜欢他家屋顶上的乌鸦；憎恨一个人，会连带着憎恨他住的地方。
　　老鹰变成鸠鸟，认识它的人还是憎恨它的眼睛；痛恨恶人如果太深，则难免要发生灾害。
　　仲弓前去祭吊张让的父亲，郭林宗安慰左原，这样做使恶人都领受了恩德，其结果免去了他年的祸患。唉，能不忍吗！

欺之忍第四十一

【原文】

郁陶思君，象之欺舜。校人烹鱼，子产遽信。

赵高鹿马，延龄羡余。以愚其君，只以自愚。丹书之恶，斧钺之诛。

不忍丝发欺君。欺君，臣子之大罪。二子之言，千古明诲。

人固可欺，其如天何！暗室屋漏，鬼神森罗，作伪心劳，成少败多。

鸟雀至微，尚不可欺。机心一动，未弹而飞。人心叵测，对面九疑。欺罔逊陷，君子先知。诐遁邪淫，情见乎辞。噫，可不忍欤！

【译文】

象欺骗舜说："我非常想念你。"管池子的人偷吃了鱼，子产却相信了他将鱼放生的谎言。

赵高指鹿为马，裴延龄无中生有献羡余。本来想欺骗他的君主，却只能愚弄自己。史书上触犯刑律的恶行一定会受到斧钺的诛杀。

不忍心有丝发般的小事骗君主。欺君，是臣子的重罪。胡宿和鲁宗道说的话是千古的教诲。

人固然能够被欺骗，天怎么能被欺骗！在黑暗的屋里，角落里，鬼神森罗密布。做欺骗人的事心里会愧疲疲劳，成功的少失败的多。

鸟雀这么微小的生灵，尚且不可以欺骗。弩机刚动，弹子还没有发射出去鸟雀就已经飞走了。人心无法猜测，就如同舜埋葬的地方，九个山峰都相似一样难辨真假。欺骗愚弄人并陷害人，孔子早就对此有所先知。偏颇、逃遁、邪恶、淫荡这几种人情，都能够反映在言辞当中。唉，能不忍吗！

侮之忍第四十二

【原文】

汤事葛，文王事昆夷，是谓忍侮于小。太王事獯鬻，勾践事吴，是谓忍侮于大。忍侮于大者无忧，忍侮于小者不败。当屏气于侵夺，无动色于睚眦。噫，可不忍欤！

富侮贫，贵侮贱，强侮弱，恶侮善，壮侮老，勇侮懦，邪侮正，众侮寡，世之常情，人之通患。识盛衰之有时，则不敢行侮以贾怨；知彼我之不敌，则不敢抗侮而构难。

【译文】

商汤服侍葛，文王服侍昆夷，是忍受力量比自己小的一方的侮辱。太王服侍匈奴，勾践服侍吴国，是忍受力量较自己强大的一方的侮辱。能够忍侮于强大者就没有忧患，能够忍受侮辱于弱小者就必然会立于不败之地。当别人侵略掠夺你时应该屏住呼吸，面对冷眼应该不动声色。唉，能不忍吗！

富有的人欺侮贫穷的人，富贵的人欺侮贫贱的人，强者欺凌弱者，恶人欺凌好人，少壮之人欺凌老年之人，勇猛的欺凌懦弱的，邪气欺侮正气，多数欺凌少数，这是人世间的常情，也是人的通病。假如懂得盛衰各有其时间，就不敢侮辱他人以招致怨恨；认识到双方力量对比必然都会发生变化，就不敢对抗欺侮而产生是非。

商汤　商的开国君主。契之后，名履。

谤之忍第四十三

【原文】

谤生于雠,亦生于忌。求孔子于武叔之咳唾,则孔子非圣人。问孟轲于臧仓之齿颊,则孟子非仁义。

黄金,王吉之衣囊,明珠,马援之薏苡。以盗嫂污无兄之人,以笞舅诬娶孤女之士。

彼何人斯,面人心狗。荆棘满怀,毒蛇出口。投畀豺虎,豺虎不受。人祸天刑,彼将自取。我无愧怍,何慊之有。噫,可不忍欤!

【译文】

诽谤产生于仇恨,也产生于妒忌。假如向武叔询问孔子的为人,那孔子也不是圣人;从臧仓口里询问孟子的为人,那孟子也不仁义。

流言把王吉的衣囊说成是黄金,把马援的薏苡果实硬说成是明珠,用"和嫂子通奸"来污蔑没有兄长的人,用鞭打岳父的罪名诬陷娶了孤女的人。

他们是什么人啊,有人的面目却生着狗的心肠。心中全是阴谋诡计,口中说出的定是恶言。把这种人投给虎豹,虎豹也不愿吃。人间的灾祸,天降的惩罚,都是他们自找的。自己没有做亏心事,有什么可担心的。唉,能不忍吗!

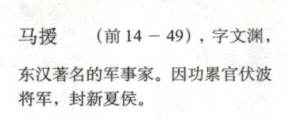

马援 (前14-49),字文渊,东汉著名的军事家。因功累官伏波将军,封新夏侯。

誉之忍第四十四

【原文】

好誉人者谀,好人誉者愚。夸燕石为瑾瑜,诧鱼目为骊珠。

尊桀为尧，誉跖为柳。爱憎夺其志，是非乱其口。

世有伯乐，能品题于良马，岂伊庸人，能定驽骥之价。

古之君子，闻过则喜。好面誉人，必好背毁。噫，可不忍欤！

【译文】

喜欢奉承别人的叫做佞人，喜欢别人奉承的叫做愚人。夸赞燕石成了宝玉，把鱼目混成珍珠。

将桀尊敬为尧一样的贤君，把盗跖赞誉为像柳下惠一样的正人君子。因为爱憎而改变他的志趣，以致言语里颠倒是非。

世上只有伯乐这样的人能品评辨别良马，那些庸人怎么能定下驽马和骏马的价值呢？

古代的君子，听到别人说自己的过错就高兴。喜欢当面夸奖人的，一定也喜欢背后诋毁人。唉，能不忍吗！

劳之忍第四十五

【原文】

有事服劳，弟子之职。我独贤劳，敢形辞色。《易》称劳谦，不伐终吉。颜无施劳，服膺勿失。

故黾勉从事，不敢告劳，周人之所以事君；惰农自安，不昏作劳，商盘之所以训民。

疾驱九折，为子赣之忠臣；负米百里，为子路之养亲。噫，可不忍欤！

【译文】

有事就尽其力去完成，这是为人弟子应尽的职责。只有我辛劳多，不敢在言辞和表情上有所显现。《易》称赞能勤劳而又谦逊的人，不夸赞自己的功劳最终将得到好的结果。颜回不夸耀自己的功劳，别人有一点好处给他他都铭记不忘。

勤勉做事，不辞辛劳，这是周朝臣子侍奉君王的态度；懒惰自安，不愿劳动，所以盘庚要训诫他的子民。

迅疾地驾着车马跑过九折险路去上任，是王尊这样的忠臣；子路为了奉养父母，从百里外背着米回家。唉，能不忍吗！

苦之忍第四十六

【原文】

浆酒藿肉，肌丰体便。目厌粉黛，耳溺管弦。此乐何极？是有命焉。

生不得志，攻苦食淡；孤臣孽子，卧薪尝胆。

贫贱患难，人情最苦。子卿北海上之牧羝，重耳十九年之羁旅，呼吸生死，命如朝露。

饭牛至晏，襦不蔽骭。牛衣卧疾，泣与妻决。天将降大任于是人，必先饿其体而乏其身。噫，可不忍欤！

苏武（前140—前60），字子卿，汉武帝时奉命出使匈奴，被借故扣留。后被发配北海牧羊。直到公元前81年，苏武才回到长安。

【译文】

把酒当作水，把肉当作野菜，把自己养的丰盈富态，大腹便便，眼睛看厌了涂脂抹粉的美女，耳朵里充满了管弦奏出的乐曲。这难道是快乐到了极限了吗？只恐怕，这是命运命的安排吧。

一生不得志的人，才能在粗茶淡饭中刻苦攻读；那些被疏远的大臣和庶出的儿子，才能做到卧薪尝胆，发愤图强。

贫穷低下，受苦受难，这是人世间最为痛苦的事情。苏武在北海牧羊，重耳在外十九年的流离，常常是在转瞬之间面临生死，生命就像朝露一样易逝。

喂牛从黄昏到夜半，短布衣服都无法遮住小腿；生病躺在牛衣当中，和妻子相对着哭泣。上天如果想要把重大责任给某人，就必定要先让他忍饥挨饿，受尽各种艰难困苦，以此来使他受到磨炼。唉，能不忍吗！

急之忍第四十七

【原文】

　　事急之弦，制之于权。伤胸扪足，倒印追贼。诳梅止渴，扺背误敌。

　　判生死于呼吸，争胜负于顷刻。蝮蛇螫手，断腕宜疾。冠而救火，揖而拯溺，不知权变，可为太息。噫，可不忍欤！

【译文】

　　事情非常危急就好像箭在弦上，必须权衡决断以控制解决。汉高祖被项羽射中胸口而扪脚，段秀实倒换印符追一贼兵。曹操用前面有梅子的假话诳骗士兵口中生津而暂时止渴，李穆击打宇文泰的背来欺骗敌军。

　　在呼吸之间判定生死，在顷刻之间就决定胜负。被蝮蛇咬了手，砍断手腕应当果断迅速。带着高帽救火，作揖谦让去救落水的人，都是不知道事急权变，令人叹息。唉，能不忍吗！

躁之忍第四十八

【原文】

　　养气之学，戒乎躁急。刺卵掷地，逐蝇弃笔。录诗误字，啮臂流血。觇其平生，岂能容物？

　　西门佩韦，惟以自戒。彼美刘宽，翻羹不怪。

　　震为决躁，巽为躁卦。火盛东南，其性不耐。雷动风挠，如鼓炉鞲。大盛则衰，不耐则败。一时之躁，噬脐之悔。噫，可不忍欤！

【译文】

　　养气的学问关键在于戒除急躁情绪。王述夹不起鸡蛋就把它丢到地上踩，王思追打苍蝇，丢弃正在写字的毛笔。皇甫湜因为儿子抄诗写错了字，咬得儿子手臂流血。如此，他们的一生怎么能宽容别人。

西门豹之所以佩带皮腰带，是为了警戒自己不要急躁。刘宽性情好，仆人弄翻羹汤弄污朝服都没有怪罪。

震为东方表示决躁，巽是东南表示躁卦。东南火盛，它的性质是不耐。雷鸣风起，就像给炉子鼓风。如果处在兴盛期就开始衰落，不耐烦就失败。一时的急躁，后悔莫及。唉，能不忍吗！

满之忍第四十九

【原文】

伯益有满招损之规，仲虺有勿自满之戒。夫以禹汤之盛德，犹惧满盈之害。

月盈则亏，器满则覆。一盈一亏，鬼神祸福。

昔刘敬宣不敢逾分，常惧福过灾生，实思避盈居损，三复斯言，守身之本。噫，可不忍欤！

【译文】

伯益有满招损的规劝之言，仲虺有勿自满的劝诫之训。以大禹、商汤的道德，仍惧怕满盈招来祸害。

月盈就亏，器满了就会倾倒，自满和谦虚，鬼神分别会降以祸福。

过去的刘敬宣不敢逾越本分，常常担心幸福太多而生灾，实际上想着避开自满以便处于谦虚的位置，再三体会这些话，是守身的根本。唉，能不忍吗！

伯益　又名大费。古代东夷族首领少昊之后，为虞夏之际的一位重要历史人物。

快之忍第五十

【原文】

　　自古快心之事，闻之者足以戒。秦皇快心于刑法，而扶苏婴矫制之害；汉武快心于征伐，而轮台有晚年之悔。
　　人生世间，每事欲快。快驰骋者，人马俱疲；快酒色者，膏肓不医；快言语者，驷不可追；快斗讼者，家破身危；快然诺者，多悔；快应对者，少思；快喜怒者，无量；快许可者，售欺，与其快性而蹈失，孰若徐思而惧微。噫，可不忍欤！

【译文】

　　自古称心的事，听到的人都会引以为戒。秦始皇满足于严刑酷法，致使扶苏修订法律制度而遇害；汉武帝喜好四处征伐，到晚年就有罢轮台屯田来表示自己的悔恨之心。
　　人生在世，无论做什么事都想图个快意。快意驰马的人，人和马都很疲惫；沉迷酒色的人，病入膏肓没有良药可医治。快言快语的人，四匹马都追不上他的错话；喜欢斗殴诉讼的人，往往会家破人亡；轻易许诺的人，往往后悔不迭；应对迅速的人，欠少思考；喜怒无常的人，没有度量；轻易同意他人的人，一定会欺骗别人。与其随心所欲而出现过失，不如谨慎思考后再行事。唉，能不忍吗！

忽之忍第五十一

【原文】

　　勿谓小而弗戒，溃堤者蚁，螫人者虿。
　　勿谓微而不防，疽根一粟，裂肌腐肠。

患尝消于所慎，祸每生于所忽。与其行赏于焦头烂额，孰若受谏于徙薪曲突。噫，可不忍欤！

【译文】

不要因为事物微不足道而不加以戒备，让大堤最终溃决的是白蚁，能螫人的是蜂虿。

不要认为事态微小就不防备，恶疮开始时不过米粒般大小，最后却能使肌肉破裂，肠胃腐烂。

隐患常常由于谨慎而消除，祸害总是因疏忽而产生。与其在火灭后奖赏焦头烂额的救火者，不如在起火前接受改灶移薪的建议。唉，能不忍吗！

疾之忍第五十二

【原文】

六气之淫，是生六疾；慎于未萌，乃真药石。

曾调摄之不谨，致寒暑之为衅。药治之而反疑，巫眩之而深信。卒陷枉死之愚，自背圣贤之训。

故有病则学乖崖移心之法，未病则守嵇康养生之论。

勿待二竖之膏肓，当思爱我之疾疢。噫，可不忍欤！

【译文】

六种气超出一定限度就会产生六种疾病；在病还没有萌发以前就必须慎重预防，是真正的治病良药。

如果人们调理衣食不慎重小心，就会导致寒热之气进入体内而得病。有些人对医药的治疗效果表示怀疑，非常相信巫术的作用。最终要陷入枉死的愚蠢境地，自然是背弃了圣贤的告诫。

因此有了病就学习断绝世俗欲望的转移心性的方法，身体健康时就要谨守嵇康的养生之道。

不应该等病入膏肓然后再求医，应当重视治病的苦口良药。唉，怎么能不忍呢！

忤之忍第五十三

【原文】

　　驰马碎宝，醉烧金帛，裴不谴吏，羊不罪客。
　　司马行酒，曳遐坠地。推床脱帻，谢不瞋系。诉事呼如周，宗周不以讳。是何触触生，姓名俱改避？
　　盖小之事大多忤，贵之视贱多怒。古之君子，盛德弘度，人有不及，可以情恕。噫，可不忍欤！

【译文】

　　擅自跑马，摔碎宝物，裴行俭没有怪罪小吏；宾客醉酒，误烧船只金帛，羊侃没有怪罪。
　　司马劝酒，曳拉裴遐跌倒，裴遐没有生气；蔡系把谢万推下座位，使他帽子头巾脱落，谢万并不恼怒。告状的人直呼宗如周的大名，宗如周不避讳。是什么原因产生忌讳这一俗习，使别人的姓名都要改变加以避讳？
　　居下位者侍奉居上位的多有冒犯，居上者往往易发怒。古代的君子，有道德修养的，对下人有所冒犯常能宽恕。唉，能不忍吗！

直之忍第五十四

【原文】

　　晋有伯宗，直言致害；虽有贤妻，不听其戒。
　　札爱叔向，临别相劝；君子好直，思免于难。
　　直哉史鱼，终身如矢。以尸谏君，虽死不死。夫子称之，闻者兴起。
　　时有污隆，直道不容。曲而如钩，乃得封侯。直而如弦，死于道边。枉道事人，隳名丧节；直道事人，身婴木铁。噫，可不忍欤！

【译文】

晋国的大夫伯宗,由于直言招致祸害;虽然有贤德之妻,却不听她的劝戒。

季札喜爱叔向,临别时劝叔向:你喜欢直言,要注意避免受害。

史鱼一生为人正直,好像箭矢。史鱼用自己的尸体劝谏君主,实在是虽死犹生。孔子称赞他,听到的人纷纷效仿。

经常会有邪佞之徒猖獗的时候,当此之时正道之人不为社会所容。弯曲如钩的人却被封为侯,正直如弓弦的人却死在道路边。枉屈道义侍奉权贵就会丧失名节;以正直的方式为官就身受刑具之苦。唉,能不忍吗!

虐之忍第五十五

【原文】

不教而杀,孔谓之虐。汉唐酷吏,史书其恶。

宁成乳虎,延年屠伯。终破南阳之家,不逃严母之责。

恳恳用刑,不如用恩;孳孳求奸,不如礼贤。

凡尔有官,师法循良。垂芳百世,召杜龚黄。噫,可不忍欤!

【译文】

不进行教育就将之杀掉,孔子称这种行为为虐。汉唐的酷吏,史书永记他们的罪恶。

宁成号称乳虎,严延年号称屠伯。前者最终导致家破人亡,后者也没能逃脱母亲严厉的责备。

过多地用刑,不如施恩以教化;努力不懈地追查奸人,不如礼贤下士。

凡是担任官职的人,要效法循规蹈矩的忠良之臣。召信臣杜诗、龚遂、黄霸作为官吏的楷模而流芳百世。唉,能不忍吗!

仇之忍第五十六

【原文】

血气之初,寇仇之根。报冤复仇,自古有闻。不在其身,则在子孙。人生世间,慎勿构冤。小吏辱秀,中书憾潘。谁谓李陆,忠州结欢。

霸陵尉死于禁夜,庾都督夺于鹅炙。一时之忿,异日之祸。

张敞之杀絮舜徒,以五日京兆之忿;安国之释田甲,不念死灰可溺之恨。

莫惨乎深文以致辟,莫难乎以德而报怨。君子长者,宽大乐易,恩仇两忘,人己一致。无林甫夜徙之疑,有廉蔺交欢之喜。噫,可不忍欤!

【译文】

血气方刚是容易导致结怨的祸根所在。报仇雪冤,自古以来就不断听说。如果不能报复本人,就伤及他的子孙。人生在世,千万谨慎不要结下怨仇。小吏孙秀受辱终于报复成功,中书吕壹与顾雍结怨而被杀,谁知道李吉和陆贽竟在忠州释怨结交?

霸陵尉的被杀是由于禁止李广犯禁夜行,庾悦的兵权被剥夺是因为原先没给刘毅鹅肉吃。一时惹下的怨恨,成为后来的祸患。

张敞杀了絮舜,只是由于絮舜说他只能做五天京兆尹的怨恨;韩安国释放了田甲,并不以田甲骂他死灰可溺而怨恨。

没有比罗织罪名以致人死地更惨的,没有比以德报怨更难的。君子长者,宽厚大度平易,不计较恩仇,不分彼此。没有李林甫夜里易换数床的多疑,而有廉颇、蔺相如言归于好的欣喜。唉,能不忍吗!

李广 (?—前119),西汉著名军事家。镇守边郡使匈奴不敢犯多年,被称为"飞将军"。

妒之忍第五十七

【原文】

　　君子以公义胜私欲，故多爱；小人以私心蔽公道，故多害。多爱，则人之有技，若己有之；多害，则人之有技，娼疾以恶之。

　　士人入朝而见嫉，女子入宫而见妒。汉宫兴人彘之悲，唐殿有人猫之惧。

　　萧绎忌才而药刘遴，隋士忌能而刺颖达。僧虔以拙笔之字而获免，道衡以燕泥之诗而被杀。噫，可不忍欤！

【译文】

　　君子用公德正义克服私欲，因此大多数人都有爱心；小人用私心覆盖公道，因此大多数人有害人之心。爱人之心多，别人有技能就好像自己有技能一样；害人之心多，见到别人有技能，就会产生妒嫉厌恶。

　　不管有没有才能，士人进入朝廷就会被人嫉恨；不管是否美貌，女子入宫必然会被人嫉妒。汉宫中有人彘那样的悲剧，唐朝宫殿中有对人猫的畏惧。

　　萧绎由于忌妒刘之遴的才能而将他毒死，隋朝儒士忌妒孔颖达的才能而想刺杀他。王僧虔故意展示自己拙劣的作品而免除灾祸，薛道衡因写了燕泥的好诗而被杀掉。唉，能不忍吗！

俭之忍第五十八

【原文】

　　以俭治身，则无忧；以俭治家，则无求。

　　人生用物，各有天限。夏涝太多，至秋必旱。

　　瓦鬲进煮粥，孔子以为厚。平仲祀先人，豚肩不掩豆。季公庾郎，二韭三韭。

脱粟布被，非敢为诈。蒸豆菜菹，勿以为讶。食钱一万，无乃太过。噫，可不忍欤！

【译文】

以俭朴修身，就不会有忧虑，以俭朴持家，就不会有求于人。

人生一世所用的事物，各有上天规定的限度。夏天洪涝如果多了，必然会导致秋天的干旱。

鲁人用瓦盆盛粥献给孔子，孔子认为这是厚礼。晏婴祭祀先人，猪肩都盖不住盛器。李崇、庾杲之只是以韭为菜。

吃的是刚刚去掉壳的粗米，盖的是用布做的被子，并非伪装成这样。蒸豆为饭，煮蔬菜为食，也没有必要惊讶。每吃一顿饭要用掉上万钱，岂不是太过分了吗？唉，能不忍吗！

晏婴　字仲，谥平，多称平仲、晏子。春秋后期政治家、思想家、外交家。

惧之忍第五十九

【原文】

内省不疚，何忧何惧？见理既明，委心变故。

中水舟运，不诣河伯。霹雳破柱，读书自若。

何潜心于《太玄》，乃惊遽而投阁。故当死生患难之际，见平生之所学。噫，可不忍欤！

【译文】

如果自我反省没有内疚的话，那么又有什么可担心的？明了事理，就不会担心会发生变故。

坐船于河中遇险，是因韩褐子没有祭拜河伯；雷电霹雳击坏倚立的柱子，夏侯玄神色不变，读书照旧。

扬雄是那样地专心于《太玄》，却惊吓得从天禄阁跳了下来。在生死患难关头，便显现出一个人平生所学。唉，能不忍吗！

变之忍第六十

【原文】

志不慑者，得于预备；胆易夺者，惊于猝至。

勇者能搏猛兽，遇蜂虿而却走；怒者能破和璧，闻釜破而失色。

桓温一来，坦之手板颠倒；爰有谢安，从容与之谈笑。

郭晞一动，孝德彷徨无措；亦有秀实，单骑入其部伍。

中书失印，裴度端坐；三军山呼，张咏下马。噫，可不忍欤！

【译文】

意志不能被轻易动摇，得力于事先有所准备；轻易就被吓破胆的人，在突如其来所变故面前只能惊慌失措。

勇敢的人敢和猛兽搏斗，但碰到毒蜂却只能逃走；发怒的时候能打破和氏璧一样的玉石，却大惊失色于打破了锅釜。

桓温一来，王坦之吓得手板都拿颠倒了；而谢安却和桓温从容谈笑。

郭晞军营一鼓噪，白孝德惊慌得手足无措；段秀实单骑进其军营，确实是壮士。

中书省丢了官印，裴度却从容镇定地安坐不动；三军大声高呼，张咏也下马高呼。唉，能不忍吗！

裴度 (765—839)，字中立，唐代河东闻喜（今山西闻喜）人。身历六朝，四度为相。

取之忍第六十一

【原文】

取戒伤廉，有可不可。齐薛馈金，辞受在我。

胡奴之米不入修龄之甑釜，袁毅之丝不充巨源之机杼；计日之俸何惭，暮夜之金必拒。

幼廉不受徐乾金锭之赂，钟意不拜张恢赃物之赐。彦回却求官金饼之袖，张奂绝先零金镴之遗。千古清名，照耀金匮。噫，可不忍欤！

【译文】

收取财物要警惕不要伤害了自己的廉洁，有可取与不可取的分别；齐国、薛国的馈赠黄金，拒绝还是收下取决于自己。

陶胡奴的米进不了王修龄的甑釜，山巨源不愿意接受袁毅的丝；计日发放的俸禄杨震得来惭愧，夜里送来的金子必须拒收。

李幼廉不接受徐乾送来的金锭这样的贿赂，钟离意不接受张恢赃物的赏赐。褚渊拒绝求取官职的人袖中的金饼，张奂拒绝收取先酋长金镴的馈赠。千古清廉名声，照耀史册。唉，能不忍吗！

予之忍第六十二

【原文】

富视所与，达视所举。不程其义之当否，而轻于赐予者，是捐金帛于粪土。不择其人之贤不肖而滥于许与者，是委华衮于狐鼠。

《春秋》不与卫人以繁缨，戒假人以名器。孔子周公西之急，而以五秉之与责冉子。噫，可不忍欤！

【译文】

富裕了看他送财物给什么样的人，显达了看他举荐什么样的人。不看是否合乎道义，而轻易地赐予人，是把金银布帛扔在粪土里。不分清人的贤与不贤而随便许官，是把华贵的衣服给了狐鼠一样的动物。

《春秋》记载，孔子不赞同卫人给仲叔繁缨以朝的谢礼，是警诫不要轻易给人朝廷的名与器。孔子周济公西赤出使齐国的急需物品，而由于冉求给了五秉粟而责备他。唉，能不忍吗！

冉 求

乞之忍第六十三

【原文】

　　箪食豆羹，不得则死，乞人不屑，恶其蹴尔。
　　晚菘早韭，赤米白盐，取足而已，安贫养恬。
　　巧于钻刺，郭尖李锥，有道之士，耻而不为。
　　古之君子，有平生不肯道一乞字者；后之君子，诈贫匿富以乞为利者矣。故陆鲁望之歌曰："人间所谓好男子，我见妇人留须眉，奴颜婢膝真乞丐，反以正直为狂痴。"噫，可不忍欤！

【译文】

　　一竹筒饭，一盘汤，没有得到就会饿死，要饭的人不屑接受，是由于厌恶食物被踏过。
　　晚秋的菘菜，初春的早韭，红米和白盐，取用刚够就可以了。安贫乐道，恬静地生活。
　　巧于投机钻营的人，当推北魏的"郭尖"郭景尚和"李锥"李世哲，有道之士以钻营为耻辱而不屑那样做。
　　古代的君子，有的人一生不愿说一个"乞"字；后世的所谓君子，假装贫困隐匿富有而向贵人乞讨谋利。所以《陆鲁望之歌》说："人间所谓的好男子，我看是留须眉的妇人，而奴颜婢膝的真正乞丐，反过来把正直的人当作狂妄痴笨。"唉，能不忍吗！

求之忍第六十四

【原文】

　　人有不足于我乎，求以有济无，其心休休。冯骥弹铗，三求三得，苟非长者，怒盈于色。维昔孟尝，倾心爱客，比饭弗憎，焚券弗责。欲效冯骥之过求，世无孟尝则羞；欲效孟尝之不吝，世无冯骥则倦。羞彼倦此，为义不尽。

偿债安得惠开，给丧谁是元振。噫，可不忍欤！

【译文】

别人没有的东西我有，请求我将多余的周济给没有的人，我安闲自得，心情愉快。冯骥弹剑而歌，三次要求三次得到允许，如果不是长者一定会怒气溢于言表。由于那时孟尝君诚心尊敬宾客，对冯骥求食而不憎恶，焚烧债券而没有责备。要效仿冯骥提出过分的要求，世上如果没有孟尝就会自觉羞愧；想要模仿孟尝君的毫不吝啬，世上没有冯骥就会厌倦。大概厌倦的理由是施行仁义不能到极尽。

帮助别人偿还债务，哪有像萧惠开这样大方，送钱给人办理丧事，谁能像郭元振那样慷慨。唉，能不忍吗！

利害之忍第六十五

【原文】

利者人之所同嗜，害者人之所同畏。利为害影，岂不知避，贪小利而忘大害，犹痼疾之难治。鸩酒盈器，好酒者饮之而立死，知饮酒之快意，而不知毒人肠胃。遗金有主，爱金者攫之而被系，知攫金之苟得，而不知受辱于狱吏。

以羊诱虎，虎贪羊而落阱；以饵投鱼，鱼贪饵而忘命。

虞公耽于垂棘而昧于假道之诈，夫差豢于西施而忽于为沼之祸。

匕首伏于督亢，贪于地者始皇；毒刃藏于鱼腹，溺于味者吴王。噫，可不忍欤！

【译文】

利是人们都想要的，害是人人都畏惧的。利是害的影子，怎么能不知道躲避。贪图小利而忘记大害，就好比得了绝症无法治疗。毒酒装满酒杯，好酒的人喝了马上就死，他只知道饮酒的快意，而不知道毒害了自己的肠胃。被遗失在路上的金钱是有主人的,爱钱的人捡起它而被抓,他只知道极力获取金钱,而不知道将被关进牢狱受到狱吏的羞辱。

用羊做饵捕老虎,虎因贪吃羊而掉进陷阱;把鱼饵扔给鱼,鱼贪吃鱼饵而忘却了性命。

虞公贪图良马宝玉而被晋国借道所欺骗,最终丧身亡国;夫差宠爱西施而忘记了亡国的灾难。

匕首藏在督亢的地图中,贪图土地的是秦始皇;毒剑藏在鱼肚子里,沉溺于美味之中的是吴王。唉,能不忍吗!

祸福之忍第六十六

【原文】

祸兮福倚,福兮祸伏,鸦鸣鹊噪,易警愚俗。
白犊之怪,兆为盲目,征戍不及,月受官粟。
荧惑守心,亦孔之丑,宋公三言,反以为寿。
城雀生乌,桑谷生朝,谓祥匪祥,谓妖匪妖。
故君子闻喜不喜,见怪不怪,不崇淫祀之虚费,不信巫觋之狂悖。信巫觋者愚,崇淫祀者败。噫,可不忍欤!

【译文】

灾祸中有福运倚伏,福运中有灾祸潜藏。乌鸦的鸣叫,喜鹊的聒噪,容易惊动愚笨凡俗的人。

黑牛产下白犊的奇怪现象是瞎眼的征兆,由于眼瞎没有让他们服兵役去打仗,反而每月要受到官府粮米的救助。

天象不正,是天降灾祸给宋国的预兆,宋景公的三次仁德的回答,反而延长了他的寿命。

城里的雀生下了乌鸦,说是好的征兆却没带来吉祥;桑、谷在朝堂上生长,说是凶兆却没有带来什么凶险。

所以君子听到喜事不以为喜,见到奇怪的事物不以为怪,不崇尚不合礼制的祭祀,不听信巫觋的狂言。听信巫觋的人愚蠢,推崇淫祀的人败亡。唉,能不忍吗!

不平之忍第六十七

【原文】

　　不平则鸣，物之常性，达人大观，与物不竞。

　　彼取以均石，与我以锱铢；彼自待以圣，视我以为愚。

　　同此一类人，厚彼而薄我。我直而彼曲，屈于手高下。人所不能忍，争斗起大祸。我心常淡然，不怨亦不怒。彼强而我弱，强弱必有故；彼盛而我衰，盛衰自有数。

　　人众者胜天，天定则胜人。世态有炎燠，我心常自春。噫，可不忍欤！

【译文】

　　处在不平的状态下就发出声音，是物体的常性，达观的人洞察透彻，能够做到与世无争。

　　对方得到很多，给我的却非常少；他自认为聪明，认为我愚笨。

　　同是一类人，厚待他而轻视我。我为人正直而他内心奸滑，却屈就于抬手间定的高下。人不能忍受，就相互争斗引起大祸。我内心保持淡然，不怨恨也不愤怒。他强我弱，强弱一定有原因；他兴盛我衰微，盛衰自然有一定的规律。

　　人多了就必定胜过天，天的意志一定能胜过人。世态炎凉变化，我心情却经常如春天般温和。唉，能不忍吗！

不满之忍第六十八

【原文】

　　望仓庾而得升斗，愿卿相而得郎官，其志不满，形于辞气。

故亚夫之怏怏，子幼之呜呜，或以下狱，或以族诛。

渊明之赋归，扬雄之解嘲，排难释怼，其乐陶陶。

多得少得，自有定分。一阶一级，造物所靳。宜达而穷者，阴阳为之消长；当与而夺者，鬼神为之典掌。付得失于自然，庶神怡而心旷。噫，可不忍欤！

【译文】

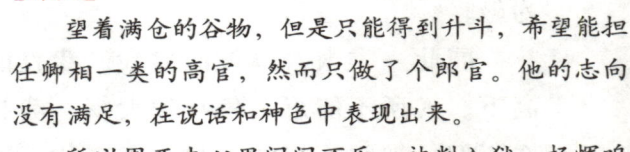

望着满仓的谷物，但是只能得到升斗，希望能担任卿相一类的高官，然而只做了个郎官。他的志向没有满足，在说话和神色中表现出来。

所以周亚夫心里闷闷不乐，被判入狱；杨恽呜呜诉说不平，最终被满门抄斩。

陶渊明作《归去来兮辞》，扬雄作《解嘲文》，以抒发排解心中的烦忧，如此就会自得其乐。

多得少得，这些都是天命注定的。官员的升降任免也是由造物主所主宰的。本该发达的反而受穷，本该给予的反而被剥夺，这些都是阴阳消长和鬼神掌管的结果。所以说得失完全在于自然，这样人做起事来就会觉得心旷神怡。唉，能不忍吗！

周亚夫（？—前143），西汉时期著名将领，沛（今江苏省沛县）人。

听谗之忍第六十九

【原文】

自古害人莫甚于谗，谓伯夷溷，谓盗跖廉。贾谊吊湘，哀彼屈原，《离骚》《九歌》，千古悲酸。

亦有周雅，十月之交："无罪无辜，谗口嚣嚣。"

大夫伤于谗而赋《巧言》，寺人伤于谗而歌《巷伯》。父听之则孝子为逆，君听之则忠臣为贼，兄弟听之则墙阋，夫妻听之则反目，主人听之则平原之门无留客。噫，可不忍欤！

【译文】

自古祸害人的没有比谗言更厉害的东西了，说伯夷浑浊，说盗跖廉洁。贾谊在湘江祭吊屈原，《离骚》《九歌》作品千百年来引人心酸悲戚。

也有周《诗经·小雅·十月之交》篇所说的："无罪无辜的人受到谗言的诽谤中伤。"

大夫被谗言伤害而作《巧言》，寺人被谗言所害而作《巷伯》。父亲听信谗言就把孝子反当成叛逆之子，君主听信谗言就把忠臣视作盗贼，兄弟听信谗言就互相争吵，夫妻听信谗言就怒目相向，主人听信谗言，那么平原君门下也就留不住宾客。唉，能不忍吗！

屈原 芈姓屈氏，名平，字原，中国战国末期楚国丹阳（今湖北秭归）人。

苛察之忍第七十

【原文】

水太清则无鱼，人太察则无徒。瑾瑜匿瑕，川泽纳污。

其政察察，斯民缺缺，老子此言，可以为法。

苛政不亲，烦苦伤恩，虽出鄙语，薛宣上陈。

称柴而爨，数米而炊，擘肌析骨，吹毛求疵，如此用之，亲戚叛之。

古之君子，于有过中求无过，所以天下无怨恶；今之君子，于无过中求有过，使民手足无所措。噫，可不忍欤！

【译文】

水太清了就没有鱼生长，人太严肃认真了就会没有伙伴。美玉中藏着瑕疵，江河中容纳着污秽。

政治太苛察，庶民就不会满足。老子的这句话，可以当作治国的法则。

社制严厉的政治不能使人民亲近朝廷，人民烦忧伤苦，就会使朝廷对人民的恩德受到损伤。即使是以日常俗语规劝帝王，薛宣却有着大臣的德行。

称了柴火然后去烧火,数了米粒再去做饭,弄得很精细,吹毛求疵。如此这般去做事,亲戚也会背叛他。

古代的君子,能在别人错中找出不错的地方,所以后人对他们没有什么恶评;现在的君子,只在别人没有错误中找错误,让老百姓觉得无所适从。唉,能不忍吗!

渊明醉酒

小节之忍第七十一

【原文】

顾大体者,不区区于小节;顾大事者,不屑屑于细故。视大圭者,不察察于微玷;得大木者,不怏怏于末蠹。以玷弃圭,则天下无全玉,以蠹废林,则天下无全木。苟变干城之将,岂以二卵而见麾;陈平出奇之智,不以盗嫂而见疑。

智伯发愤于庖亡一炙,其身之亡而弗思;邯郸子瞋目于园失一桃,其国之失而不知。

争刀锥之末而致讼者,市人之小器;委四万斤金而不问者,万乘之大志。故相马失之瘦,必不得千里之骥;取士失之贫,则不得百里奚之智。噫,可不忍欤!

【译文】

顾全大局的人,不会斤斤计较区区小节;做大事的人,不会在意细微小事;观赏大玉珪的人,不太察究它的小瑕疵;得到大木材的人,不为小的虫蛀而不欢愉。如果因为瑕疵抛弃玉珪,那么天下就没有完美的美玉,因为虫蛀就废弃木材,天下就不会有好木材。苟变是保卫国家的将才,怎么能因为吃人家两个鸡蛋而罢黜不用;陈平善出奇计,不因为谣传他与嫂子私通而怀疑不重用他。

智伯能立刻发现厨房里的人偷走了一碗肉,而对自己将惨遭杀身之祸一无所知;邯郸子能马上觉察园中丢失了一只桃,而对自己国家快要灭之毫无察觉。

为了争夺刀尖那么小的利益而相互争讼的,是小市民的小器而已;汉王给陈平四万斤黄金而没有过问，是有夺取天下的大志。所以相马要认为马瘦不行，就必然得不到千里马；因为贫穷便不取用士人，就无法得到百里奚这样的智士。唉，能不忍吗！

无益之忍第七十二

【原文】

不做无益害有益，不贵异物贱用物。此召公告君之言，万世而不可忽。

酣游废业，奇巧废功，蒲博废财，禽荒废农，凡此无益，实贻困穷。

隋珠和璧，蒟酱筇竹，寒不可衣，饥不可食，凡此异物，不如五谷。

空走桓玄之画舸，徒贮王涯之复壁。噫，可不忍欤！

【译文】

不能做无益的事去损害有益的事，不可以看重贵重奇异的物品而轻视日常用品。这是召公劝告君王的话，万世都不可忽视。

畅游山水荒废正业，奇淫技巧浪费功夫，赌钱浪费钱财，打猎荒废田作，这是没有益处的事，的确是带来穷困的根源。

隋珠、和氏璧这种珍宝，蒟酱、筇竹这些特产，天气寒冷时不能作衣服穿，饥饿时不能当食物吃，凡是这些奇异的东西，都比不上五谷。

桓玄用画舸载着书画玩物，等战败后却空手逃跑了，王涯白白在复壁中贮藏书画。唉，能不忍吗！

随时之忍第七十三

【原文】

为可为于可为之时，则从；为不可为于不可为之时，则凶。故言行之危逊，视世道之污隆。

老聃过西戎而夷语，夏禹入裸国而解裳。墨子谓乐器为无益而不好，往见荆王而衣锦吹笙。

苟执方而不变，是不达于时宜，贸章甫于椎髻之蛮，炫绚履于跣足之夷，袗绨冰雪，挟纩炎曦，人以至愚而谥之。噫，可不忍欤！

【译文】

在可以做的时候做可以做的事，往往很顺利；在不能做的时候做不能做的事，往往很凶险。所以士人言行是正直还是退忍，要看世道是不是清明。

老子到西戎就说夷语，夏禹进入裸国就脱下衣裳；墨子认为乐器没有益处而不好，去见楚荆王时却穿着锦衣吹着笙。

如果一味抓住死理而不学会变通，就不合时宜。到剃去头发的蛮人那里卖帽子，向赤着双脚的少数民族炫耀自己的好鞋子，冰天雪地里穿单衣，夏日炎炎时穿棉衣，人们会给他最愚蠢的谥号。唉，能不忍吗！

苟禄之忍第七十四

【原文】

窃位苟禄，君子所耻，相时而动，可仕则仕。墨子不舍朝歌之邑，志士不饮盗泉之水。

析圭儋爵，将荣其身，鸟犹择木，而况于人。

逢萌挂冠于东都，陶亮解印于彭泽，权皋诈死于禄山之荐，费贻漆身于公孙之迫。

携持琬琰，易一羊皮，枉尺直寻，颜厚忸怩。噫，可不忍欤！

【译文】

窃居高位谋取俸禄，是君子所不愿为的；等待时势而行动，可以做官的时候做官。墨子不进叫朝歌的城邑，志士不喝盗泉的水。

佩带圭玉，享受爵禄，使自身荣耀，鸟雀尚且选择树木栖息，更何况人呢！

逢萌解下衣冠挂在东都城门上，辞官隐居，陶渊明在彭泽自解印绶，返归田园，权皋为躲避安禄山的举荐而假装死去，费贻为不愿意被公孙述任用而用漆涂满全身。

拿着玉石换了一张羊皮，扭曲一尺的长度去得到一寻的长度，就是脸皮厚的人内心也会觉得忸怩不安。唉，能不忍吗！

躁进之忍第七十五

【原文】

　　仕进之路，如阶有级，攀援蹴等，何必躁急。
　　远大之器，退然养恬，诏或辞再，命犹待三。趋热者，以不能忍寒；媚灶者，以不能忍谗；逾墙者，以不能忍淫；穿窬者，以不能忍贪。
　　爵乃天爵，禄乃天禄，可久则久，可速则速。
　　辇载金帛，奔走形势。食玉炊桂，因鬼见帝。虚梦南柯，于事何济！噫，可不忍欤。

【译文】

　　仕途升迁的道路，假如像台阶一样有分级，攀爬跨越，何必那样着急。
　　具有远大抱负的人，退隐家中为的是培养恬淡的心性，皇上多次征召，他还要等待第三次征召才同意。去天气热的地方靠近的人，是因为不能忍耐寒冷；向灶献媚的人，是由于不能忍耐谗诞；翻墙幽会的人，是因为忍不住情欲；偷盗东西的人，是因为不能克服贪欲。
　　无论是爵位还是俸禄，都是上天授予的，可以长久做下去就做下去，可快就快。
　　用车子装载着金银布帛，奔走于诸侯之间。吃的就好像玉一样珍贵，用桂枝来烧火，因为鬼的引见见到天神。这些好比南柯一梦那么虚幻，对事情没有任何好处！唉，能不忍吗！

勇退之忍第七十六

【原文】

　　功成而身退，为天之道，知进而不知退，为乾之亢。
　　验寒暑之候于火中，悟羝羊之悔于大壮。
　　天人一机，进退一理，当退不退，灾害并至。祖帐东都，二疏可喜，兔死狗烹，何嗟及矣。噫，可不忍欤！

【译文】
　　成功身退，符合上天之道；只知道进取而不懂得退让，就是乾卦中的"亢"。寒暑交替是自然界变化的规律。在鼎盛之时领悟羝羊撞藩篱进退两难的悔恨。
　　天时与人事是同一枢机，进与退道理是一样的，应当引退时不退，灾害就一块来了。公卿们在东都门外为疏广、疏受设帐送行，二疏被称作贤大夫；兔死狗烹，韩信的嗟叹已来不及了。唉，能不忍吗！

特立之忍第七十七

【原文】
　　特立独行，士之大节，虽无文王，犹兴豪杰。
　　不挠不屈，不仰不俯，壁立万仞，中流砥柱。
　　炙手权门，吾恐炭于朝而冰于昏；借援公侯，吾恐喜则亲而怒则仇。
　　傅燮不从赵延殷勤之喻，韩棱不随窦宪万岁之呼；袁淑不附于刘湛，僧虔不屈于佃夫；王昕不就移床之役，李绘不供麋角之需。
　　穷通有时，得失有命；依人则邪，守道则正。修己而天不与者命，守道而人不知者性。
　　宁为松柏，勿为女萝，女萝失所托而萎苶，松柏傲霜雪而嵯峨。噫，可不忍欤！

【译文】
　　有自己的操守和见识，不随波逐流，是士人应有的重要气节，即使没有文王那样的时势，圣杰豪杰也能兴起。
　　不屈不挠，不卑不亢，像万仞石壁一样挺立于江河中，岿然不动摇。
　　炙手可热的权势之家，我不安的是早上兴盛而黄昏可能就败亡了；借助公侯的援引，我担心高兴时会亲近，而一生气就成为仇人。

傅燮不屈从赵延私下的暗示，韩稜不赞同对窦宪呼喊万岁；袁淑不阿附刘湛，王僧虔不屈服于阮佃夫；王昕不做为人移床的仆役之类的事，李绘不供给崔谋索要的麂角鸽翎。

穷困或通达各有自己的时机，得失皆由命里注定；依附别人就是邪路，谨守道义就是正途。自己修身而上天不赐予，是由于命；谨守道义而不为人理解，是天命所定。

宁愿做挺立的松柏，也不愿做依附他物的女萝，女萝没有依托便无法直立，松柏高耸着傲对风雪。唉，能不忍吗！

才技之忍第七十八

【原文】

露才扬己，器卑识乏。盆括有才，终以见杀。

学有余者，虽盈若亏；内不足者，急于人知。

不扣不鸣者，黄钟大吕；嚣嚣聒耳者，陶盆瓦釜。

韫藏待价者，千金不售；叫炫市巷者，一钱可贸。

大辩若讷，大巧若拙。辽豕贻羞，黔驴易蹶。噫，可不忍欤！

【译文】

显露才能来表现自己，是器量狭小学识贫乏的表现。盆成括年少有才气而好显露自己，最终因此被杀。

学问广博的人，虽然渊博却好像还不充实；学问欠缺的人，就急于想让人知道。

不敲击它便不响的是黄钟大吕；发出喧嚣刺耳声音的，是陶盆瓦罐而已。

深藏美玉等待好价钱的，即使给他千金也不会卖；在市场巷道中叫卖的，一文钱就可以买到。有很高超的辩论才能却好像是木讷不会说话的人，最聪明的人看起来很笨拙。辽东人献白头猪带来羞惭，黔之驴的一蹶却不能保住自己性命。唉，能不忍吗！

挫折之忍第七十九

【原文】

不受触者，怒不顾人；不受抑者，忿不顾身。一毫之挫，若挞于市；发上冲冠，岂非壮士。

不以害人，则必自害，不如忍耐，徐观胜败。名誉自屈辱中彰，德量自隐忍中大。黥布负气，拟为汉将，待以踞洗则几欲自杀，优以供帐则大喜过望。功名未见其终，当日已窥其量。噫，可不忍欤！

【译文】

不能忍受别人触犯的人，一发怒就不顾及别人；不能忍受压抑的人，愤怒起来就不顾及自身安危。受一点小挫折，就认为好像是在市场上被鞭打的侮辱；怒发冲冠的人，难道不是壮士！

不能忍受挫折，不是害了别人，就是害了自己。不如忍耐下来，慢慢观察胜败之理。名誉在屈辱中彰显，德量在隐忍中增大。黥布傲慢自负，认为会拜他为将，刘邦坐在床上洗脚召见他，他气得几乎想自杀，当得到汉王一样的待遇时，又高兴过了头。还没看到他以后立的功名，当天就看到了他的器量。唉，能不忍吗！

不遇之忍第八十

【原文】

子虚一赋，相如遽显；阙下一书，顿荣主偃。

王生布衣，教龚遂而曳组汉庭；马周白身，代常何而垂绅唐殿。

人生未遇，如求谷于石田；及其当遇，如取果于家园。岂非得失有命，富贵在天？

卞和之三献不售，颜驷之三朝不遇。何贾谊之抑郁，竟自终于《鵩鸟赋》。噫，可不忍欤！

【译文】

　　子虚赋一作,司马相如马上显达;阙下一封上书,主父偃顿时变得荣耀。

　　平民王生,教龚遂答帝王问而得到汉朝的官职;平民马周,代替常何上疏而担任唐朝的中书令。

　　人生中没有获得机遇时,就好像在石田里寻求谷子;一旦他受到赏识后,就好像在家里的园子里摘果子。这难道不是得失有命,富贵在天?

　　卞和三次献宝没有成功,颜驷历经三朝不被重视。贾谊是那样的抑郁不乐,竟然作《鵩鸟赋》以表达自己将死的思想。唉,能不忍吗!

贾谊　西汉初期著名政治家、文学家。又称贾太傅、贾长沙,河南洛阳人。

同寅之忍第八十一

【原文】

　　同官为僚,《春秋》所敬;同寅协恭,《虞书》所命。生各天涯,仕为同列,如兄如弟,议论参决。

　　国尔忘家,公尔忘私,心无贪竞,两无猜疑。言有可否,事有是非,少不如意,矛盾相持。

　　幕中之辩,人以为叛;台中之评,人以为倾。昌黎此箴,足以劝惩。噫,可不忍欤!

【译文】

　　在一起做官称为同僚,是《春秋》所讲的;同具敬畏之心,是《虞书》所规定。虽然生来天各一方,做官在同一行列,就应当跟自家兄弟一样,遇事大家商量解决。

　　为了国家忘记小家,为了公事忘了私事,心中没有贪求、竞争的心思,互相就没有猜疑。说话有对有错,做事有是有非,稍不如意,就产生了矛盾对立。

　　在官府中谈论他人好坏,别人会认为你存心不良;闲暇时评点人物,别人认为你倾慕他们。韩愈的这句箴言,足以劝诫人们。唉,能不忍吗!

背义之忍第八十二

【原文】

古之义士，虽死不避。栾布哭彭，郭亮丧李。

王修葬谭，操嘉其义。晦送杨凭，擢为御史。此其用心，纯乎天理。

后之薄俗奔走利欲，利在友则卖友，利在国则卖国。回视古人，有何面目？赵岐之遇孙嵩，张俭之逢李笃，非亲非旧，情同骨肉，坚守大义，甘婴重戮。噫，可不忍欤！

【译文】

古代的义士，面对死也不恐惧回避。栾布哭祭彭越，郭亮为李固收尸。

王修埋葬袁谭，曹操嘉奖他为人的义气。徐晦为杨凭送行，被提升为监察御史。这是由于他们的用心全部合乎天理。

后世世风凉薄，人们只为利欲奔走，朋友那里有利就出卖朋友，国事有利就出卖国家。回头对比古人，还有什么面目见人？赵岐遇到孙嵩，张俭遇到李笃，非亲非故，却情同骨肉，孙嵩、李笃坚守大义，甘愿冒被杀的凶险。唉，能不忍吗！

事君之忍第八十三

【原文】

子路问事君于孔子，孔子教以勿欺而犯。唐有魏徵，汉有汲黯。长君之恶其罪小，逢君之恶其罪大。张禹有于帝师之称，李勣何颜于废后之对？

俯拾怒掷之奏札，力救就戮之绯裈。忠不避死，主耳忘身。一心可以事百君，百心不可以事一君。若景公之有晏子，乃是为社稷之臣。噫，可不忍欤！

【译文】

　　子路向孔子询问怎样侍奉君主，孔子告诉他不要欺骗君主而要敢于犯颜直谏。唐朝的魏徵，汉朝的汲黯都是照这样做的。顺从君主的过失，这是一种小罪，诱导君主去产生过失，这是大罪。张禹愧对身为皇帝老师的尊称，李勣在废立皇后一文上又有什么颜面呢？

　　赵普弯腰拾起皇上怒视的奏折，赵绰全力解救由于穿红裤而要被杀的辛亶。忠心不避让死亡，念主而忘记自身。一心可以侍奉一百个君主，三心二意连一个君主都侍奉不了。假若像齐景公有晏婴那样，就是国家的大臣了。唉，能不忍吗！

魏征　（580－643）字玄成，巨鹿下曲阳（今河北晋州市）人。唐初政治家，以陈谏太宗而出名。

事师之忍第八十四

【原文】

　　父生师教，然后成人。事师之道，同乎事亲。

　　德公进粥林宗，三呵而不敢怒；定夫立侍伊川，雪深而不敢去。

　　膏粱子弟，闾阎小儿，或恃父兄世禄之贵，或恃家有百金之资，厉声作色，辄谩其师。弟子之傲如此，其家之败可期。故张耒以走教蔡京之子，此乃忠爱而报之。噫，可不忍欤！

【译文】

　　父母生育，老师教导，然后才能长大成人。侍奉老师之道，与侍奉双亲一样。

　　魏昭进献粥给郭林宗，郭林宗三次训斥他，而他没有任何怒气，颜色和悦；游酢站立等待程颐，雪下了三尺深都不敢离去。

　　富贵人家的子弟，或者凭借父兄显贵的地位，或是仰仗着家有百金的富有，对老师厉声作色，动不动谩骂老师。为人弟子骄傲到这种地步，他们家的败亡必然不远了。所以张耒教蔡京的儿子跑步，这是因为忠爱而报答蔡京。唉，能不忍吗！

劝忍百箴

为士之忍第八十五

【原文】

　　峨冠博带而为士，当自拔于凡庸；喜怒笑嚬之易动，人已窥其浅中。故临大节而不可夺者，必无偏躁之气；见小利而易售者，失之斗筲之器。

　　礼义以养其量，学问以充其智。不戚戚于贫贱，不汲汲于富贵。庶可以立天下之大功，成天下之大事。噫，可不忍欤！

【译文】

　　戴着高高的帽子，系着宽带的是士人，应当自觉有别于平庸的俗人；容易引动喜笑怒怨情绪的人，旁人已经窥视到了他的内心。因此在生死关头不能夺其志向的人，一定没有偏躁之气；见一点小利就轻易售出的人，只有斗筲那么大的器度。

　　用礼义来培养他的器量，用学问来充实他的智慧。不由于贫贱而悲戚，不极力追求富贵。做到这些就可以建立宏大的功业，成就天下的大事。唉，能不忍吗！

为农之忍第八十六

【原文】

　　终岁勤勤，仰事俯畜，服田力穑，不避寒燠。

　　水旱者，造化之不常，良农不因是而辍耕；稼穑者，勤劳之所有，厥子乃不知于父母。

　　农之家一，而食粟之家六，苟惰农不昏于做劳，则家不给，而人不足。噫，可不忍欤！

【译文】

农民一年到头勤劳不已,努力耕作,播种收获,不避寒暑。

旱涝灾害是大自然的不正常现象,好农民并不因此停止耕种;耕种庄稼,是勤劳农夫的本分,子孙却不理解父母的辛苦。

一户人家从事农作,却有六户人家要吃饭,如果农民懒惰不辛勤劳作,就无法满足供给的需要。唉,能不忍吗!

为工之忍第八十七

【原文】

不善于斫,血指汗颜;巧匠旁观,缩手袖间。行年七十,老而斫轮,得心应手,虽子不传。

百工居肆以成其事,犹君子学以致其道。学不精则窘于才,工不精则失于巧。国有尚方之作礼,有冬官之考阶,身宠而家温,贵技高而心小。噫,可不忍欤!

【译文】

不善于使用斧子的人,手指被弄出了血,汗水淋漓满面;手艺高超的工匠在一旁观看,把手缩在袖子里。年近七十高龄,斫起轮子来却得心应手,这种技艺即使是儿子也继承不了。

百工们只有居住在工肆中才能学成技艺,好比君子学习才能明白道理。学问不精就没有多少才华,技术不精就不够巧妙。国有尚方官署掌管工匠,有冬官这种官员考核工匠的级别,工匠自身受宠而家庭温暖富足,可贵的是自身技术高明而没有野心。唉,能不忍吗!

为商之忍第八十八

【原文】

商者,贩商,又曰商量。商贩则懋迁有无,商量则计较短长。用有缓急,价有低昂。不为折阅不市者,荀子谓之良贾；不与人争买卖之价者，《国策》谓之良商。何必鬻良而杂苦，效鲁人之晨饮其羊。

古之善为货殖者，取人之所舍，缓人之所急，雍容待时，赢利十倍。陶朱氏积金，贩脂卖脯之鼎食，是皆大耐于计筹，不规小利于旦夕。噫，可不忍欤！

【译文】

商人，就是商贩，又称作商量。有了商贩就可以做到互通有无，有商量就会斤斤计较。使用物品有缓有急，价格有高有低。商人不因为商品降价而不做生意，荀子称他们为有良心的商人；不和顾客争吵买卖的价钱的商人，《战国策》里说这样的人是好的商人，没有必要以次充好，效仿鲁国的沈犹氏早晨给羊喝水以增加重量。

古代的会经商的人，收取别人所舍弃的东西，给人所急需的东西，平静从容地等待时机，以获得巨额的利润。陶朱公善于积累财富，那些贩卖小东西的人的豪富，都是能长远打算，不贪求眼前的蝇头小利的结果。唉，能不忍吗！

父子之忍第八十九

【原文】

父子之性，出于秉彝。孟子有言，责善则离，贼恩之大，莫甚相夷。

焚廪掩井，瞽太不慈，大孝如舜，齐慄夔夔。

尹信后妻，欲杀伯奇，有口不辩，甘逐放之。

散米数百斛而空其船，施财数千万而罄其库，以郗超、全琮不禀之专，二父胡为不怒？

我见叔世，父子为仇，证罪攘羊，德色借穰。

父而不父，子而不子，有何面目，戴天履地？噫，可不忍欤！

【译文】

父慈子孝，此乃人的天性，也符合伦理道德规范。孟子说过，责备子女，使之向善，子女们会因为受到责骂而疏远父亲。对父子恩情伤害最大的，比不上父子之间相互责备了。

烧毁仓库，掩埋水井，瞽叟实在不仁慈，而舜这样非常有孝心的人，仍恭敬地侍奉他。

尹吉甫相信后妻的话，要杀伯奇，伯奇也没有辩解，宁愿被逐出家门。

散发数百斛米给读书人而空着船回来，全琮没有禀告父亲，父亲全柔也不去责怪；郗超施舍掉千万财物使仓库一空，父亲郗愔也不怪罪。为什么两位父亲不发怒呢？

富家子弟长大后便分家，父子为仇，其父攘羊，儿子居然出来作证；贫贱家庭的子弟，分家后借耰鉏给他父亲，觉得有恩于父亲。

父亲不遵守父亲之道，儿子不遵守儿子之道，即使上天赐予他们粮食，也没办法得到它。唉，能不忍吗！

兄弟之忍第九十

【原文】

兄友弟恭，人之大伦。虽有小忿，不废懿亲。舜之待象，心无宿怨；庄段弗协，用心交战。

许武割产，为弟成名；薛包分财，荒败自营。阿奴火攻，伯仁笑受；酗酒杀牛，兄不听嫂。

世降俗薄，交相为恶，不念同乳，阋墙难作。噫，可不忍欤！

【译文】

兄长友爱弟弟恭顺，是重要的人伦关系。虽然有小的矛盾，也不会丧失了骨肉亲情。舜对待弟弟象心中不存任何怨恨；庄公和共叔段两人关系不睦，彼此使用计谋相互争战。

许武分割财产，自己分得好的是为了让弟弟出名；薛包分家，把不好的分给自己。伯仁笑着承受弟弟的火攻；牛弘的弟弟酗酒杀牛，牛弘不听妻子

的唠叨。

如今世风日下，人心不古，兄弟间互相为恶，不念手足之情，一家之中内讧不断，实在令人痛心。唉！能不忍吗？

夫妇之忍第九十一

【原文】

正家之道，始于夫妇。上承祭祀，下养父母。惟夫义而妇顺，乃起家而裕厚。《诗》有仳离之戒，《易》有反目之悔。

鹿车共挽，桓氏不恃富而凌鲍宣；卖薪行歌，朱妇乃耻贫而弃买臣。茂弘忍于曹夫人之妒，夷甫忍于郭夫人之悍。不谓两相之贤，有此二妻之叹。噫，可不忍欤！

【译文】

使家道正直，是从夫妇开始的。对上承担祭祀祖先的重担，对下赡养父母。只有丈夫仁义，妻子恭顺，才能使家境渐变富裕。《诗经》中有夫妻分离的告诫，《易经》中有夫妻反目的悔恨。

桓少君不凭借家富而凌辱鲍宣，而是和丈夫共同拉着鹿车回家；朱买臣卖柴唱歌，他妻子羞愧于他的贫穷而抛弃了丈夫。王茂弘忍受曹夫人的善妒，王衍忍受郭夫人的凶悍。并不是说两位的贤德，而是对两位妻子为人的感叹。唉，能不忍吗！

奴婢之忍第九十二

【原文】

人有十等，以贱事贵，耕樵为奴，织爨为婢。父母所生，皆有血气，谴督太苛，小人怨詈。陶公善遇，以嘱其子。阳城不瞋易酒自醉之奴，文烈不谴籴米逃奔之婢。二公之性难齐，元亮之风可继。噫，可不忍欤！

【译文】

　　封建社会，人分为十等，下等人侍奉上等人，以耕田的人为奴，以纺纱织布的人为婢。都是父母所生，都有血气，为何对他们太苛薄，这只会引来小人的怨恨。陶渊明当了县令后，叮嘱儿子要好好看待仆人。阳城让仆人拿米换酒，而仆人却醉倒在路上，阳城不怒反而把他背了回来。房文烈派奴婢出去买米，奴婢却乘机逃走了，后来奴婢回来了，房文烈却没打她。阳城、房文烈两位性情与度量是难以企及的，陶渊明的作风可以继承。唉，能不忍吗！

宾主之忍第九十三

【原文】

　　为主为宾，无骄无谄；以礼始终，相孚肝胆。小夫量浅，挟财傲客，箪食豆羹，即见颜色。

　　毛遂为下客，坐于十九人之末，而不知为耻。鹏举为贱官，馆于马坊，教诸奴子，而不以为愧。广阳岂识其文章，平原不拟其成事。

　　孙丞相延宾，而开东阁；郑司农爱客，而戒留门。醉烧列艦，而无怒于羊侃；收债焚券，而无恨于田文；杨政之劝马武，赵壹之哭羊陟。居今之世，此未有闻。噫，可不忍欤！

【译文】

　　无论是做主人还是做宾客，都不必骄傲或谄媚；要始终以礼相待，肝胆相照。小人的器量狭小，仰仗着财富傲视客人，而别人一旦慢待自己，马上就变了脸色。

　　毛遂是下等客人，坐在十九人的最后一位，却不因为这而羞耻。温子升为贱官，在马坊教书，而不认为羞愧。广阳王怎么能欣赏温子升的文章，平原就没指望过让毛遂帮他做成事情。

丞相公孙弘打开东面馆阁用来招揽宾客；司农郑庄为招待好客人，吩咐门下不分贵贱，留住客人。客人喝醉酒烧毁许多船只，羊侃没有生气；冯骓收债把债券全部烧掉，孟尝君不去怪罪。杨政责备马武，赵壹哭闹羊陟，都没有受到责怪。唉，能不忍吗！

交友之忍第九十四

【原文】

古交如真金百炼而不改其色；今交如暴浪盈涸而不保朝夕。管鲍之知，穷达不移；范张之谊，生死不弃。

淡全甘坏，先哲所戒；势贿谈量，易燠易凉。盖君子之交，慎终如始；小人之交，其名为市。郈子迎谷臣之妻子，至于分宅；到溉视西华之兄弟，胡心不恻，指天誓不相负，反眼若不相识。噫，可不忍欤！

【译文】

古时候的交友就好像真金一样，百炼都不能改变它的本色；现在人交友就像夏季暴风雨后的小水沟，早上还是满的，到晚上可能就干涸了，不会长久。管仲和鲍叔牙的知己之交，不管穷困还是发达都不改变；范式和张劭的友谊，无论生死都没有离弃。

先哲告诫我们，君子之交清淡而能成功，小人之交甘甜而易毁坏；以权势、贿赂、空谈，互相予求相交，容易表面热火也容易冷下来。原来君子交友，慎始慎终；小人交友，好像在市场上进行交易。郈成子迎接死去的友人谷成的妻子、儿女到自己家，分宅居住；到溉看到故友任昉的儿子们流离失所，却没有丝毫恻隐之心。相交时指天发誓互相不背负，一转眼间好像不曾相识。唉，能不忍吗！

年少之忍第九十五

【原文】

　　人之少年，譬如阳春，莺花明媚，不过九旬，夏热秋凄，如环斯循。人寿几何，自轻身命；贪酒好色，博弈驰骋；狎侮老成，党邪疾正；弃掷诗书，教之不听；玄鬓易白，红颜早衰；老之将至，时不再来；不学无术，悔何及哉！噫，可不忍欤！

【译文】

　　人的少年时期，就好像是春天，鸟语花香春光明媚，时间不过三个月，然后是炎热的夏天，凄凉的秋天，如此循环往复。人的寿命有多长，怎么能自己轻贱自己的生命；贪酒好色，赌博跑马；欺侮老实人，和邪恶的人结党拉派，嫉恨正直的人；不学习诗书，不听教诲；黑发容易变白，红颜容易衰老；老年就要到来，而青春的好时光不会再来；少年时不学无术，到年老时后悔就已经晚了！唉，能不忍吗！

好学之忍第九十六

【原文】

　　立身百行，以学为基。古之学者，一忍自持。凿壁偷光，聚萤作囊，忍贫读书，车胤匡衡。耕锄昼佣，牛衣夜织，忍苦向学，倪宽刘寔。以锥刺股者，苏秦之忍痛；系狱受经者，黄霸之忍辱。

　　宁越忍劳于十五年之昼夜，仲淹忍饥于一盆之粟粥。及乎学成于身，而达乎天子之庭。鸣玉曳组，为公为卿。为前圣继绝学，为斯世开太平。功名垂于竹帛，姓字著于丹青。噫，可不忍欤！

【译文】

　　世上的百种行业都是以学习作为根本的。古代有学问的人，以坚忍自持。匡衡凿壁偷光，车胤把萤火虫放在囊中做灯，他们都忍受着贫困坚持读书。倪宽替人家耕作，刘寔在夜晚编织牛衣，他们二人都是忍受贫苦、勤奋向学的人。苏秦以锥刺股，忍痛发奋读书；黄霸关在监狱里，忍受侮辱拜师读书。

　　宁越忍受了十五年日夜的辛劳，范仲淹忍受了每日只能喝一盆玉米粥的饥饿，最后读书有大成就。等到自己学问已成，闻达于天子的朝堂。身佩珍贵的玉器和绶带，担任公卿的职务。为前代的圣人继承绝学，为人世间谋取太平。功名写在史书上，姓名也留在千古不朽的丹青上。唉，能不忍吗！

范仲淹（989—1052），字希文。北宋政治家、文学家。卒谥文。

将帅之忍第九十七

【原文】

　　阃外之事，将军主之；专制轻敌，亦不敢违。卫青不斩裨将而归之天子，亚夫不出轻战而深沟高垒，军中不以为弱，公论亦称其美。延寿陈汤，兴师矫制，手斩郅支，威震万里，功赏未行，下狱几死。

　　自古为将，贵于持重；两军对阵，戒于轻动。故司马懿忍于妇帻之遗，而犹有死诸葛之恐；孟明视忍于殽陵之败，而终致穆公之三用。噫，可不忍欤！

【译文】

　　郭门以外的事，由将帅做主；即使将帅专横轻敌，部下也不敢违抗命令。卫青不杀自己的偏将而归来交给天子处理，周亚夫不轻易出战而是深挖沟高筑垒，军中将士并不认为他们软弱，公共舆论也赞美他们。陈汤、甘延寿，假称皇帝之命发兵攻打匈奴，杀了郅支单于，威震万里，还没有论功行赏，陈汤就被捕入狱险些死掉。

　　自古担任将帅的，以持重为最紧要；两军对垒，千万不能轻举妄动。司马懿能忍受诸葛亮送给他妇人衣物的羞辱，并被死了的诸葛吓退了活着的司马懿之说；孟明视能忍受郩陵之战的惨败事实，被穆公三次重用，终于打败晋国雪耻。咦，能不忍吗！

宰相之忍第九十八

【原文】

昔人有言，能鼻吸三斗醇醋，乃可以为宰相。盖任大用者存乎才，为大臣者存乎量。丙吉不罪于醉污车茵，安世不诘于郎溺殿上。周公忍召公之不悦，仁杰受师德之包容，彦博不以弹灯笼锦而衔唐介，王旦不以罪倒用印而仇寇公。廊庙倚为镇重，身命可以令终。噫，可不忍欤！

【译文】

从前曾有人说，能够用鼻子吸进三斗醇醋的人，就可以做国家宰相。能做大事的人在于他们的才能，能做朝廷大臣的人在于有大器量。丙吉不怪罪驾车马夫因为呕吐弄脏了车垫，张安世没有责怪在殿堂上喝醉后小便的郎官。周公忍受了召公对他的心怀不满之事，狄仁杰受到娄师德的包容举荐，文彦博并没有因为唐介弹劾他做灯笼锦媚上而记恨他，王旦不因为寇准开除倒用了印的官员而对寇准有成见。国家把这样的人倚为栋梁，而自身也可以得到善终。咦，能不忍吗！

召公　周文王的儿子，武王的弟弟。因其采邑在召，故称召公或召伯。

顽嚚之忍第九十九

【原文】

心不则德义之经曰顽，口不道忠信之言曰嚚。顽嚚不友，是为凶人，其名浑敦。恶物丑类，宜投四裔，以御魑魅。唐虞之时，其民淳，书此以为戒。秦汉之下，其俗浇，习此不为怪。盖凶人之性难以义制，其吠噬也，似犬而猘，其抵触也，如牛而觭。待之以恕则乱；论之以理则叛；示之以弱则侮；怀之以恩则玩。当以禽兽而视之，不与之斗智角力，待其自陷于刑戮，若烟灭而爝息。我则行老子守柔之道，持颜子不较之德。噫，可不忍欤！

【译文】

心中不遵守道德规范叫做顽，口里不说忠信的话叫嚚。顽嚚不友善，就是恶人，名叫"浑敦"。恶物丑类之流，应当流放到四方边境去，用来抵御妖怪和敌人。唐虞的时代，民风淳厚，《尚书》记下这些引以为诫条。秦汉之后，民风浮躁，就习以为常不觉奇怪。恶人的品性无法用道义去制约，好比狂犬咬人，如同疯狗一样相互撞击，像牛一样角斗。用宽恕对待他就会产生变乱；跟他晓之以理就不听从；给他示弱他就欺侮人；以恩德感化他他却轻侮你。应当把他看作禽兽，不和他斗智斗力，等待他们自己陷进刑罚中，好像火自己熄灭一样。我就实行老子恪守柔和的道，保持颜子不计较的德行。唉，能不忍吗！

屠杀之忍第一百

【原文】

物之具形色，能饮食者，均有识知，其生也乐，其死也悲。

鸟俯而啄，仰而四顾，一弹飞来，应手而仆。牛舐其犊，爱深母子，牵就庖厨，觳觫畏死。蓬莱谢恩之雀，白玉四环；汉川报德之蛇，明珠一寸。勿谓羽鳞之微，生不知恩，死不知怨。

仁人君子，折旋蚁封，彼虽至微，惜命一同。伤猿，细故也，而部伍被黜于桓温；放麑，违命也，而西巴见赏于孟孙。

胡为朝割而暮烹，重口腹而轻物命？礼有无故不杀之戒，轲书有闻声不忍食之警。噫，可不忍欤！

劝忍百箴

一三四

【译文】

　　具有形体色彩，能够饮食的东西，都是有知觉的，活着的时候很快乐，死的时候就伤悲。

　　鸟雀低下身子啄食，抬起头四面张望，一颗弹丸飞来，立即仆倒下去。母牛舔着它的小牛犊，母子之情亲爱温暖，把牛牵到厨房宰杀，牛就颤抖着害怕死亡。来自蓬莱谢恩的黄雀，送四枚白玉给救它的恩人杨宝；报答疗伤之恩的蛇，含来直径一寸的珠子给隋侯。不应该说鸟兽这样的小动物，活着不知恩德，死了不知怨恨。

　　仁慈的君子，在骑马时碰到蚂蚁窝就绕开，它们虽然非常微小，也像人一样珍爱它们自己的生命。伤害了猿猴，本是细小的过错，但是桓温却开除了他的部下；放跑麑子，是违抗命令，而孟孙却赏识秦西巴。

　　为什么早晨杀了而晚上烹食，这难道不是看重口腹之欲而轻视动物的性命吗？《礼记》中有没有理由不能杀生的戒律，孟子的书中有听到动物的哀声而不忍心进食的训诫。唉，能不忍吗！